Sitzungsberichte
der Akademie der Wissenschaften
der DDR
Mathematik – Naturwissenschaften – Technik

12 N

1980

S. Nowak/H.-J. Spangenberg

Pyrolyse von Kohlenwasserstoffen

AKADEMIE-VERLAG · BERLIN

Sitzungsberichte
der Akademie der Wissenschaften
der DDR
Mathematik - Naturwissenschaften - Technik

Jahrgang 1980 · Nr. 12/N

S. Nowak/H.-J. Spangenberg

Pyrolyse von Kohlenwasserstoffen

AKADEMIE - VERLAG · BERLIN
1981

Vorträge von Siegfried Nowak, Ordentliches Mitglied der Akademie der Wissenschaften der DDR und Hans-Joachim Spangenberg, Korrespondierendes Mitglied der AdW der DDR, gehalten auf der Sitzung der Klasse Chemie am 18. Oktober 1979

Herausgegeben im Auftrage
des Präsidenten der Akademie
der Wissenschaften der DDR
von Vizepräsident Prof. Dr. Heinrich Scheel

Erschienen im Akademie-Verlag, 1800 Berlin, Leipziger Str. 3–4

Lizenznummer: 202 · 100/302/80
Gesamtherstellung: VEB Druckhaus Köthen
Bestellnummer: 762 880 7 (2010/80/12/N) · LSV 1275
Printed in GDR
DDR 4,50 M

Siegfried Nowak

Pyrolyse von hochsiedenden wasserstoffarmen Kohlenwasserstoffen

Die Pyrolyse gehört zu den wichtigsten Grundprozessen der chemischen Industrie und wird auch in Zukunft ihre Bedeutung für die Erzeugung von organischen Grundstoffen beibehalten. Der steigende Bedarf an niederen Olefinen und die bereits heute spürbare Verknappung klassischer Pyrolyserohstoffe zwingt zum verstärkten Einsatz hochsiedender Erdölfraktionen für die Olefinerzeugung. Es wird eingeschätzt, daß sich die prozentuale Entwicklung der Pyrolyserohstoffe etwa wie folgt gestalten wird (Tab. 1):

Tabelle 1

	1975	1980	1985	1990
Gase	2	2	3	6
Benzinfraktionen	92	89	75	60
Gasöle	6	10	22	34

nach: Wolley, Chem. Industrie Düsseldorf **24** (1977) 1,7

Die bisher beim Betreiben derartiger Anlagen mit straight-run-Gasölen gesammelten Erfahrungen lassen jedoch die Einschätzung zu, daß die Verarbeitung von Gasölen zu niederen Olefinen heute zwar als technisch, nicht aber als ökonomisch und erst recht nicht als wissenschaftlich gelöst angesehen werden kann.

Die Pyrolyse von hochsiedenden Erdölfraktionen unterscheidet sich ganz wesentlich von der Spaltung leichter Kohlenwasserstofffraktionen. Unterschiede bestehen in der konstruktiven Gestaltung der Pyrolyseanlage, der Prozeßführung, den Prozeßbedingungen sowie in der Ausbeutestruktur. Gegenüber Benzinfraktionen muß mit einer geringeren Ausbeute an niederen Olefinen, einem größeren Anfall von Nebenprodukten mit niedrigerem Gebrauchswert und insbesondere muß ein hoher Anfall an Pyrolyseöl, das ist eine Fraktion, die oberhalb 200°C siedet, in Kauf genommen werden.

Werden z.B. für die Erzeugung von 1 t Ethylen etwa 3–3,3 t Benzin benötigt, so erfordert die Herstellung derselben Ethylenmenge aus Gasölfraktionen etwa 4,5 t Einsatzprodukt. Weitere Probleme, die insbesondere hohe Investitions- und Verarbeitungskosten verursachen, ergeben sich aus den hohen Schwefel- und Stickstoffgehalten des Einsatzproduktes sowie durch die bei der Pyrolyse entstehende hohe Gum- und Kohlenstoffbildung, die die technische Reaktionsführung beeinträchtigen und zu kürzeren Laufzeiten der Pyrolyseanlage führen.

Das sind die wesentlichsten Gründe, die einem stärkeren Einsatz hochsiedender Erdölfraktionen hindernd im Wege stehen. Bisher haben sich nur solche Firmen für die Olefinerzeugung aus Gasölfraktionen entschlossen, bei denen Gasöle saisonal bedingt in gewissem Überschuß zur Verfügung stehen, z.B. verstärkt in den Sommermonaten, und die Pyrolyse trotz der schlechten Ausbeuten die ökonomisch günstigste Variante ist.

Ein Vergleich, welche Ausbeute bei gleicher Crackschärfe d.h. bei gleichem Ethylen : Propylenverhältnis aus verschiedenen Rohstoffen erhalten werden, zeigt Tabelle 2:

Tabelle 2

	Leichtbenzin	Schwerbenzin	leichtes Gasöl	schweres Gasöl
Siedelage °C	36–110	40–164	176–343	335–515
Aromatengehalt Ma.%	2,6	12,1	24,1	46,0
Ausbeuten				
Methan Ma.%	17,4	13,8	11,6	8,9
Ethylen	31,8	25,5	24,1	18,9
C_3-Fraktionen	18,8	15,3	14,3	13,9
C_4-Fraktionen	10,0	8,3	8,4	9,7
Pyrolysebenzin	14,4	26,9	18,1	19,0
Pyrolyseöl	2,0	5,1	19,8	24,4

nach: Oil u. Gas Journal, Juli, 4, 1977

Man erkennt, daß mit steigender Siedelage der Einsatzprodukte die Ausbeuten an Olefinen stark zurückgehen und die Methanbildung abnimmt, während die Flüssigprodukte oberhalb C_5 zunehmen. Besonders stark ist der Anstieg bei Pyrolyseöl. Gleichzeitig tritt eine starke Zunahme der Kohlenstoffbildung auf.

Die Produktverteilung ist eindeutig eine Funktion der Zusammensetzung der Rohstoffe und ihrer spezifischen Eigenschaften.

Wir haben uns eingehend mit dem Spaltverhalten von technischen Destillatfraktionen und insbesondere mit deren negativen Folgen auf den Pyrolyseprozeß befaßt. Einige dieser Ergebnisse möchte ich heute hier vorstellen und einige Lösungsvorschläge, die das Spaltverhalten von Mitteldestillaten verbessern, diskutieren.

Zunächst einige allgemeine Bemerkungen zum Spaltverhalten höhersiedender Kohlenwasserstoffe:

Analog wie für Bezinkohlenwasserstoffe gilt auch für Kohlenwasserstoffe, die oberhalb 180°C sieden, daß das Ethylenpotential vom C/H-Verhältnis und von der Stofftypenzusammensetzung abhängig ist und daß auch hier die Ausbeute an niederen Olefinen in der Reihenfolge *n*-Paraffine-iso-Paraffine-Naphthene-Aromaten abnimmt. Die veränderte prozentuale Zusammensetzung von paraffinischen-naphthenischen und aromatischen Strukturelementen sowie das verstärkte Auftreten von bi- und mehrcyclischen Naphthenen und Aromaten wirkt sich auf das Ausbeuteprofil ganz entscheidend aus. Während in Benzinfraktionen das Ring-Kohlenwasserstoff-Paraffinverhältnis bei 30–70 liegt, steigt es in den Gasölen auf Verhältnisse über 50:50 an und reicht bei Vakuumgasölen bis 70:30.

Anschaulich wird die Zunahme des Aromatengehaltes mit zunehmender Siedelage in Romaschkino-Erdölfraktionen durch Abbildung 1 dargestellt.

Wir wissen heute, daß das mit steigender Siedelage schlechter werdende Spaltverhalten weniger auf die mittlere zunehmende Molekularmasse, sondern vielmehr auf den zunehmenden Gehalt an aromatischen Kohlenwasserstoffen, ins-

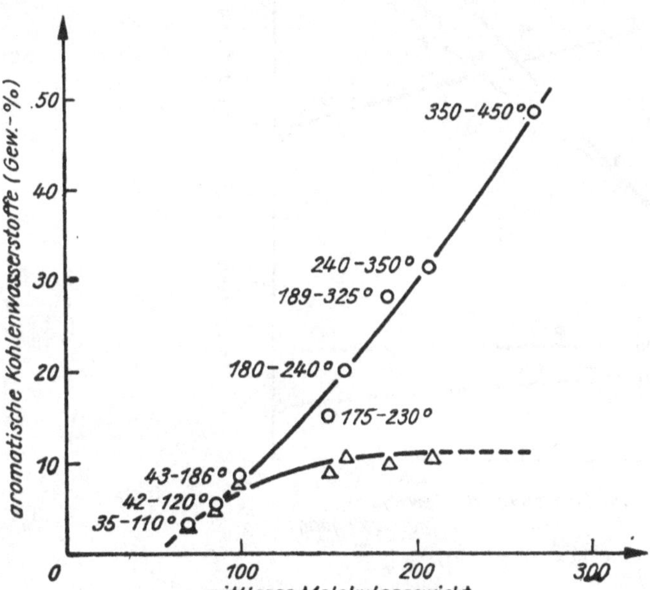

Abb. 1 Abhängigkeit des Gesamtaromatengehaltes ○ und der Summe der Alkylbenzole △ vom mittleren Molekulargewicht der Erdölfraktionen

besondere an bi- und mehrcyclischen Aromaten zurückgeführt werden muß. Di- und polycyclische Aromaten im Pyrolyserohstoff sind nicht inerte Ballaststoffe, sondern besonders gefährliche Vorprodukte für feste Ablagerungen im Reaktions- wie im Kondensationsteil der Pyrolyseanlage.

Um den Einfluß des Aromatengehaltes auf das Ergebnis des thermischen Crackens bei gleicher Siedelage des Einsatzproduktes zu ermitteln, wurden 5 Gasölfraktionen (240–360 °C) mit einem Aromatengehalt von 28%, 22%, 14%, 8% und 2% hergestellt. Dazu wurden die aromatischen Inhaltsstoffe aus einem straight-run-Gasöl (240–360 °C) durch Extraktionen mittels Dimethylformamids abgetrennt und Raffinat und Extrakt in den gewünschten Mengenverhältnissen rückvermischt.

Diese Gasölfraktionen wurden in einem sektioniert beheizbaren (Temperaturprofil konvex, konkav oder isotherm) Technikumsreaktor von 18 m Länge und

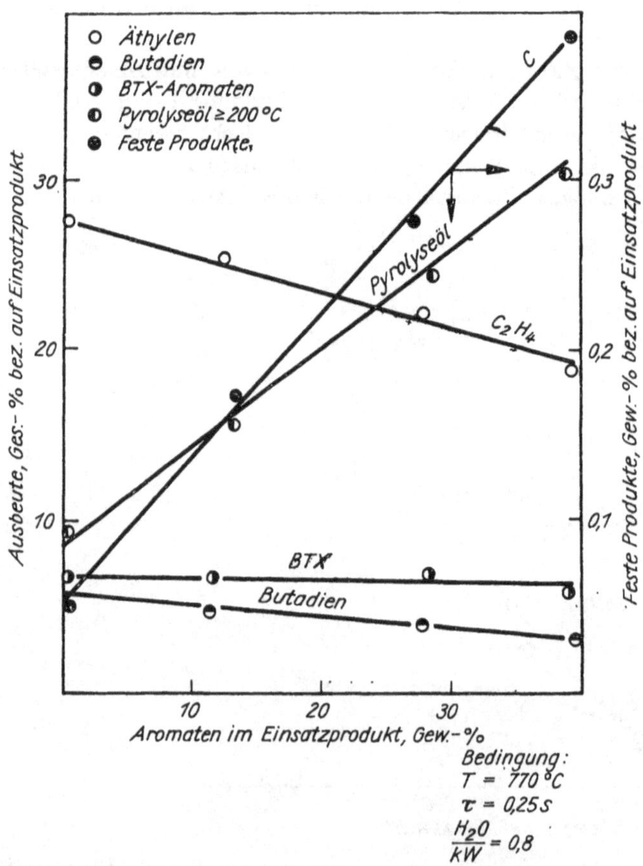

Abb. 2 Ausbeuten in Abhängigkeit vom Aromatengehalt in Gasölfraktionen

8 mm Durchmesser bei 770 °C pyrolysiert. Der Durchsatz betrug 2–6 kg/h, die Verweilzeit 0,2–0,3 sec und das H_2O-KW-Verhältnis 0,8.

Die Ergebnisse der Pyrolyse sind in Abbildung 2 dargestellt. Sehr deutlich erkennbar ist die Abhängigkeit des Spaltverhaltens vom Aromatengehalt, dessen Absenkung zu einer Steigerung der Spaltgas- und Ethylenausbeute und zu einer starken Reduzierung der Pyrolyseöl- und Koksbildung führt. Die Ausbeuten an BTX-Aromaten und Butadien dagegen sind weitgehend unabhängig vom Aromatengehalt des Einsatzproduktes.

Diese Ergebnisse belegen eindeutig, daß die Ursache für das schlechter werdende Spaltverhalten schwerer Fraktionen in erster Linie im zunehmenden Aromatengehalt und nicht in der Siedelage zu suchen ist.

Aus diesen Fakten haben wir den Schluß gezogen, die störenden Aromaten aus Mitteldestillaten zu entfernen bzw. sie in Produkte mit einem günstigeren Spaltverhalten zu überführen. Bevor ich über diese Ergebnisse berichte, möchte ich eine Übersicht über Forschungs- und Entwicklungsarbeiten zur Pyrolyse von hochsiedenden Erdölfraktionen geben, die international außerordentlich intensiv bearbeitet werden.

Grundrichtungen dieser Entwicklung zeigt Abbildung 3.

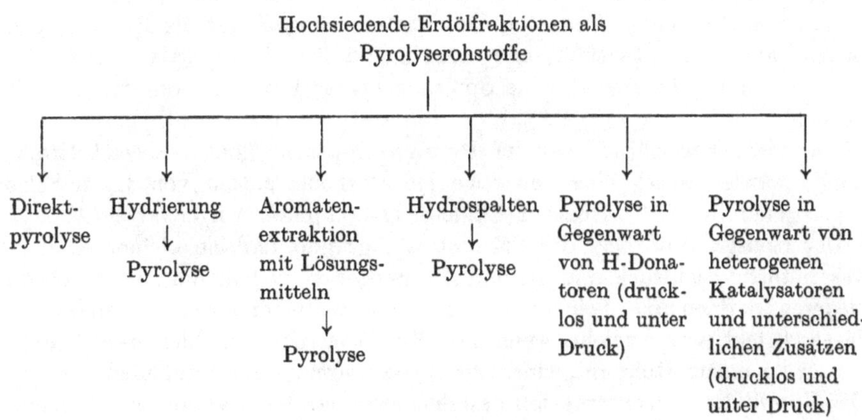

I. Direktpyrolyse von Mitteldestillaten

Das ist ein Weg, auf den sich viele bekannte Anlagenbaufirmen konzentriert haben. Im Mittelpunkt der Untersuchungen stehen konstruktive und technische Verbesserungen des Spaltrohrreaktors wie des Spaltgaskühlers. Dabei geht man davon aus, daß das Spaltverhalten von Prozeßbedingungen wie Temperatur, Verweilzeit, Wasser-Kohlenwasserstoff-Verhältnis u. a. abhängt und Secundärreaktionen wie die Koks- und Gumbildung insbesondere durch kleinere Verweilzeiten zurückgedrängt werden können.

Kleinere Verweilzeiten kann man durch

- Verkürzung des Reaktionsrohres
- kleinere Rohrdurchmesser
- Erhöhung des Durchsatzes oder
- Erhöhung des Wasser/KW-Verhältnisses

erreichen.

Die Erzielung kleiner Verweilzeiten ist jedoch nicht ganz einfach, weil die Verkürzung der Rohre und höherer Durchsatz eine wesentliche Erhöhung der Heizflächenbelastung, um die erforderliche Wärmemenge in die Reaktionszone einzubringen, bedeutet. Das aber führt zu hohen Anforderungen an das Reaktormaterial.

Eine Erhöhung des Wasser/KW-Verhältnisses ist zwar ohne weiteres möglich, führt aber zu einer Verringerung des Massendurchsatzes, also zu kleinen Raum/Zeitausbeuten und hohen energetischen Aufwendungen (Verdampfung des Wassers und deren Überhitzung auf Reaktionstemperatur), so daß hier eindeutig ökonomische Grenzen gesetzt sind.

Im Ergebnis dieser Bemühungen entstanden die bekannten Reaktorkonstruktionen von Linde-Selas, die Shortresidence-Time-Anlagen von Lummus, die Kurzzeitpyrolyse von Pullmann und Kellog, der Ultra-Selectiv-Conversion-Prozeß von Stone und Webbster, die zwar ursprünglich für die Pyrolyse von Benzinfraktionen entwickelt, aber zunehmend für die Pyrolyse von Gasölfraktionen oder für eine flexible Spaltung beider Produkte weiterentwickelt wurden.

Besondere Fortschritte bei der Pyrolyse H-armer Kohlenwasserstofffraktionen werden durch eine neuartige Reaktorkonstruktion von Linde-Selas dem sogenannten LSCC-Reaktor (Linde-Selas-Compined-Coil) erwartet (Abb. 4).

Der Konstruktion liegt die Erkenntnis zugrunde, daß ein kleiner Kohlenwasserstoffpartialdruck und kleinere Verweilzeiten zu höheren Ausbeuten an niederen Olefinen und zu einem Zurückdrängen der Sekundärreaktionen führen. Dieser Effekt wird erreicht, wenn zwei Reaktionsrohre mit kleinerem Durchmesser zu einem Rohr mit einem größeren Durchmesser verbunden werden. Der Vorteil dieser Konstruktion besteht darin, daß beim Vergleich mit einem konventionellen Reaktor eine Verkleinerung der Verweilzeit ohne Reduzierung des Kohlenwasserstoffdurchsatzes erreicht wird. Diese Reaktoren sollen bevorzugt für die Pyrolyse von Gasölfraktionen Verwendung finden bzw. für flexibel arbeitende Olefinerzeugungsanlagen eingesetzt werden. Industriell betriebene Anlagen für die Gasölpyrolyse sind allerdings bisher nicht bekannt geworden.

Als Alternative zur konventionellen Umsetzung von hochsiedenden Erdölfraktionen im Spaltrohr sind in den letzten Jahren eine Reihe von Verfahrensentwicklungen mit umlaufenden Wärmeträgern (Koks, anorganische Materialien) bzw. mit hocherhitztem Wasserdampf bis 2000 °C in Arbeit, die die Pyro-

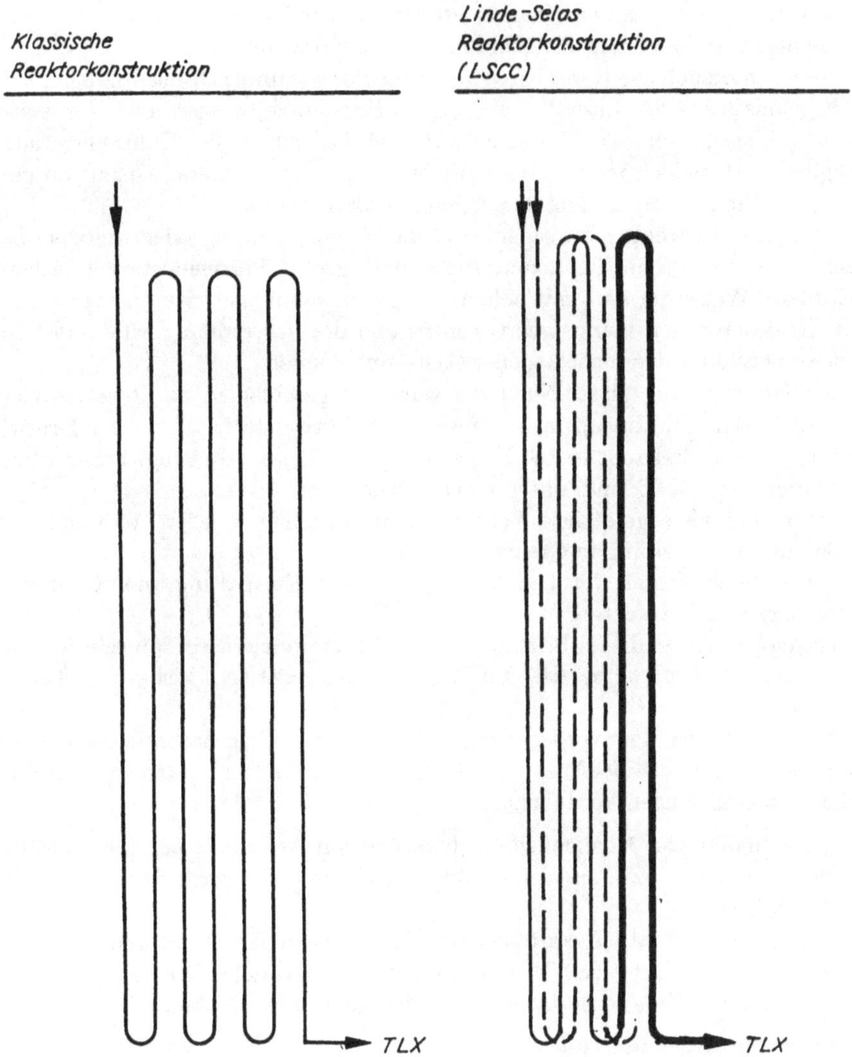

Abb. 4 Vergleich der Reaktorkonstruktionen

lyse von hochsiedenden Erdölfraktionen und z.T. Roherdöl selbst zum Ziele haben. Die Darstellung dieser Arbeiten würde hier jedoch zu weit führen.

Eine zweite Richtung, die intensiv sowohl vom wissenschaftlichen wie technischen Standpunkt beforscht wird, ist die Pyrolyse von Kohlenwasserstoffen in Gegenwart von Wasserstoff.

Alle diese Arbeiten verfolgen das Ziel
- die Rohstoffausnutzung zu verbessern,

- höhere Ausbeuten an Olefinen zu erreichen, aber insbesondere
- die negative Gum- und Koksbildung zurückzudrängen.

Diese Untersuchungen werden sowohl drucklos wie unter Druck durchgeführt

Ergebnisse aus der Literatur und eigene Ergebnisse besagen, daß Verbesserungen hinsichtlich der Olefinausbeute und besonders der Koksablagerung möglich sind, jedoch müssen diese Vorteile mit einem höheren Gehalt an gesättigten Verbindungen (Methan, Ethan) erkauft werden.

Grundsätzlich muß man sagen, daß die Zugabe von H_2 oder wasserstoffreichen Gasen große Reaktionsräume und große Wärmeaustauschflächen erfordern. Weiterhin muß mit hohen Energieaufwendungen das Zusatzgas mit den Reaktionsgasen komprimiert werden und die Gastrennung erfordert eine Überdimensionierung verschiedener Gastrennkolonnen.

Zur Überwindung dieser Nachteile wurde vorgeschlagen, die Pyrolyse von hochsiedenden Fraktionen in Gegenwart von Wasserstoff, aber unter Druck, durchzuführen. Bekannt ist die Entwicklung von Pierefitte-Auby, Frankreich, nach der bei 900 °C und unter einem Druck von 10–30 atm ca. 40 Ma%-Ethylen und viele gesättigte Verbindungen gewonnen werden, während die Koks- und Gumbildung in Grenzen bleiben.

Als weiterer Vorteil der Druckpyrolyse ist die Einsparung von Kompressionsenergie zu betrachten.

Technologisch ist dieses Prinzip jedoch sehr kompliziert, so daß seit Jahren kein Fortschritt erkennbar ist. Im Weltmaßstab existieren bisher nur Pilotanlagen.

Ausgehend von den vorliegenden Erkenntnissen über das Spaltverhalten von hochsiedenden KW-Fraktionen haben wir die Forschungsarbeiten auf die folgenden Richtungen konzentriert:

1. Auffinden von Möglichkeiten, die störenden Aromaten aus Mitteldestillaten zu entfernen bzw. sie in Produkte mit einem günstigeren Spaltverhalten zu überführen.
2. Entwicklung und Ausprüfung von heterogenen Katalysatoren, die eine selektive Umwandlung von Mitteldestillaten in organische Grundstoffe unter Vermeidung der bekannten technischen Erschwernisse erlauben sollen.

Zur ersten Arbeitsrichtung:

Da im Rahmen der bilateralen Arbeitsgruppe Pyrolyse und der technischen Tage in Merseburg zu diesem Thema bereits ausführlich vorgetragen wurde, möchte ich mich hier nur auf ganz wesentliche Ergebnisse beschränken. Die Entfernung der Aromaten kann prinzipiell auf zwei Wegen erfolgen:

entweder durch eine der Pyrolyse vorgeschalteten Abreicherung der aromatischen Kohlenwasserstoffe mit Hilfe physikalischer Trennmethoden (Adsorption, Lösungsmittel-Extraktion, Extraktivdestillation)

- oder durch Überführung der aromatischen Kohlenwasserstoffe in Naphthene mittels einer katalytischen Hydrierung.

Im Falle einer Aromatenentfernung durch Lösungsmittelextraktion erhebt sich die Frage nach einer sinnvollen Weiterverwendung des aromaten- und schwefelreichen Extraktes.

Wir haben uns auf die katalytische Hydrierung von Gasölfraktionen konzentriert und arbeiten in enger Kooperation mit der Abteilung Katalysatoren der Leuna-Werke ‚Walter Ulbricht' und dem Kombinatsbetrieb Böhlen des VEB PCK Schwedt an der Weiterentwicklung geeigneter Hydrierkatalysatoren und milderer Hydrierbedingungen, da die katalytische Hydrierung von straight-run-Mitteldestillaten nach unserer Meinung eine ganze Reihe Vorteile aufweist.

Diese sind:

- Erhöhung des Wasserstoffgehaltes im Pyrolyserohstoff;
- Überführung der kondensierten aromatischen Verbindungen in Naphthen-Kohlenwasserstoffe und Erhalt des Spaltrohstoffes;
- Hydrogenolyse der Heteroverbindungen (vor allem der Thiophen-Abkömmlinge und der Stickstoffbasen) unter Bildung von Kohlenwasserstoffen, H_2S und NH_3 und
- die Entfernung des H_2S und NH_3 aus den Hydriergasen anstelle der Entfernung aus den Crackgasen.

Entsprechend den beiden Möglichkeiten der Entfernung der störenden Aromaten aus Gasölfraktionen haben wir zwei aromatenarme Gasölfraktionen durch Entfernung der Aromaten mit Hilfe von Kattwinkelsäure und durch katalytische Hydrierung hergestellt und diese der Pyrolyse unterworfen. Die Zusammensetzung der eingesetzten Fraktionen zeigt Tabelle 3.

Man erkennt, daß mit der Entfernung der Aromaten der Gehalt an Paraffinen von 37 auf 51%, der an Naphthenen von 35 auf 49 Vol.% ansteigt. Bei der katalytischen Hydrierung der Gasölfraktionen enthalten diese dann 54% Paraffine und 42% Naphthene.

Zur besseren Illustration der erzielbaren Ergebnisse wurden die Spaltergebnisse dieser beiden Fraktionen mit den Ergebnissen der Pyrolyse einer Rohgasölfraktion und einer straight-run-Benzinfraktion verglichen (Tab. 4).

Der Vergleich läßt erkennen,

- daß das eingesetzte Rohgasöl ein typisches Spaltverhalten zeigt, d.h. geringere Ethylenausbeuten und einen hohen Anfall an Pyrolyseöl, verbunden mit hoher Koksbildung gegenüber Benzinfraktionen.
- Entaromatisierte Gasölfraktionen ergeben in Menge und Qualität Reaktionsprodukte, die denen der Benzinpyrolyse entsprechen.
- Aromatenarme Gasölfraktionen ergeben analoge Olefinausbeuten wie Benzinfraktionen, die jedoch etwas zu gunsten von Ethylen verschoben sind, höhere Ausbeuten an Butadien und significant höhere Ausbeute an BTX-Aromaten. Sie ergeben etwas mehr Pyrolyseöl als Benzinfraktionen, aber wesentlich weniger als Rohgasölfraktionen.
- Die Koksbildung entspricht etwa der aus Benzinfraktionen.

Tabelle 3 Stofftypenzusammensetzung technischer Destillatfraktionen aus Romaschkino-Erdöl

Stofftyp (Ma-%) (bezogen auf Einsatzprodukt)	Roh-Benzin 39–148 °C	Roh-Dieselöl 189–318 °C	hydriertes Dieselöl 142–310 °C	entaromat. Dieselöl 195–320 °C
Paraffine	70,6	37,4	53,6	51,4
Naphthene	19,2	35,3	41,3	48,6
Aromaten	10,1	27,3	5,1	0
davon Alkylbenzene	10,1	4,5	0,2	0

Tabelle 4 Charakteristische Ausbeuten bei der Pyrolyse technischer Destillat-Fraktionen aus Romaschkino-Erdöl

Spaltprodukte (Ma-%)	Roh-Benzin 39–148 °C	Roh-Dieselöl 189–318 °C	hydriertes Dieselöl[2] 142–310 °C	entaromat. Dieselöl[3] 195–320 °C
Spaltgas $\leqq C_4$	70,3	59,1	70,9	68,9
davon Ethylen	24,5	21,4	28,3	25,4
Propylen	17,0	13,8	15,1	16,5
Butadien	4,9	4,4	6,2	5,5
Pyrolysebenzin < 200 °C	27,6	23,6	22,5	23,3
davon Benzol	3,4	2,5	5,8	4,0
Pyrolyseöl > 200 °C	2,1	17,2	6,5	7,8

[1] Spaltbedingungen:

Austrittstemperatur	830 °C
Verweilzeit	0,22 s
Dampf/Kohlenwasserstoff	0,6 (Gew.-Teile)

[2] Hydrierbedingungen

Katalysator	NiO und WO_3 auf Alumosilikat
Belastung	1,5–5 v/vh
Hydriertemperatur	320–380 °C
H_2-Partialdruck	100–200 at
H_2/KW-Vol.-Verhältnis	~500

[3] Durch Extraktion mit Kattwinkelsäure ($H_2SO_4 + P_2O_5$)

Mit diesen Ergebnissen konnte eindeutig nachgewiesen werden, daß die für schwere Einsatzprodukte typischen Erschwernisse bei der Pyrolyse bei entsprechender Vorbehandlung vermieden werden können. Dadurch zeichnen sich Möglichkeiten ab, die defizitären Benzinfraktionen durch vorbehandelte Gasölfraktionen zu ersetzen.

Trotz dieser vorliegenden positiven Ergebnisse, die eine Substitution von Benzinfraktionen prinzipiell in Aussicht stellt, sind folgende weitere Untersuchungen erforderlich:

- Die Ergebnisse müssen im Rahmen eines Großversuches oder im Pilotanlagenmaßstab bestätigt werden. Das betrifft insbesondere die Ergebnisse bezüglich der Koksbildung und der Erzielung technisch relevanter Laufzeiten von Pyrolyseanlagen. Fragen, die unter Technikumsbedingungen nur ungenügend beantwortet werden können.
- Weitere Fragen ergeben sich aus der Hydrierung der Gasölfraktionen, die ja die Kosten für das Einsatzprodukt erhöhen.

Daraus folgt die Forderung nach ökonomisch günstigen Hydrierverfahren und die Entwicklung dafür geeigneter Hydrierkatalysatoren. Beide Aufgaben werden in enger Kooperation mit dem VEB Leuna-Werke und dem Kombinat Böhlen intensiv bearbeitet.

Es ist ganz offensichtlich, daß ökonomische Vorteile dann erzielt werden können, wenn solche hochsiedenden Erdölfraktionen (z.B. Vakuumgasöl) hydriert und als Pyrolyseeinsatzprodukte verwendet werden, die eine große Preisdifferenz zu den Benzinfraktionen aufweisen.

Ausgehend von den vorliegenden Ergebnissen und Erkenntnissen über das Spaltverhalten und deren Beeinflussung von hochsiedenden KW-Fraktionen war es naheliegend, solche technischen Fraktionen auf ihre Brauchbarkeit zu überprüfen, die bereits teilhydriert in technischen Großanlagen anfallen. Hochsiedende Fraktionen, die den Forderungen eines abgereicherten Aromatengehaltes am ehesten entsprechen, sind Hydrospaltabstreifer.

Wir haben zwei großtechnisch anfallende Hydrospaltabstreifer aus den Leuna-Werken in unsere Untersuchungen mit einbezogen (Tab. 5).

Zum besseren Vergleich seien hier nochmals die Untersuchungsergebnisse mit hydriertem wie atmosphärischem Gasöl ausgeführt (Tab. 6).

Der unbehandelte Hydrospaltabstreifer, der im Unterschied zum hydrierten Rohgasöl mehr leichtersiedende Anteile, weniger mehrcyclische

Tabelle 5 Stofftypenzusammensetzung technischer Destillatfraktionen im Gasölsiedebereich

	hydriertes Gasöl	Hydrospaltabstreifer (unbehand.)	Hydrospaltabstreifer (hydriert)	Atmosphär. Gasöl
Siedelage °C	142–310	108–311	100–329	189–318
Molmasse	180	150	169,9	219
Paraffine Ma.%	53,6	57,7		37,4
Naphthene Ma.%	41,3			35,3
Aromateng. Ma.%	5,1	12	1	24,3
dav. Alkylbenzole	0,2			4,5

Naphthene, aber noch Restgehalte an Ethylaromaten enthält, ergibt bei der thermischen Spaltung Olefinausbeuten, die nur wenig unter denen des hydrierten Gasöles bzw. Rohbenzins liegen. Die rohstoffspezifischen Ausbeuten an Butadien und Benzol aus Hydrospaltabstreifer ordnen sich zwischen denen des Benzins und des hydrierten Gasöles ein.

Tabelle 6 Spaltergebnisse im Technikumsreaktor

	hydriertes Gasöl	Hydrospalt-abstreifer (unbehand.)	Hydrospalt-abstreifer (hydriert)	Atmosphär. Gasöl
Spaltgasanfall Ma.%	71,3	67,6	69,0	59,1
Methan	14,7	13,8	13,0	
Ethylen	25,4	23,5	26,8	21,4
Propylen	14,9	14,9	16,0	13,8
Butadien	5,3	4,9	5,0	4,4
Pyrolysebenzin	26,4	24,3	24,1	23,6
dav. Benzen	10,2	8,2	9,0	2,5
Toluen	6,6	4,9	4,7	
Xylene	1,2	1,2	0,8	
Pyrolyseöl 200°C	2,3	8,0	6,8	17,2

Durch Hydrierung des oberhalb 180°C siedenden Anteils des Hydrospaltabstreifers ergeben sich weitere Ausbeuteverbesserungen bei Ethylen und Propen. Inwieweit allerdings die geringfügigen Ausbeutegewinne eine zusätzliche destillative und katalytische Vorbehandlung rechtfertigen, kann nur durch ökonomische Berechnungen erklärt werden.

Aus diesen Resultaten ergeben sich nicht nur zusätzliche Möglichkeiten für weitere potentielle Einsatzprodukte für die Olefinerzeugung, sondern sie bestätigen auch die gefundenen Erkenntnisse über das Spaltverhalten von Inhaltsstoffen. Obwohl ich hier nicht im Detail auf das Spaltverhalten von Inhaltsstoffen der hydrierten Gasölfraktionen eingehen kann, sei erwähnt, daß die Ausbeuteverbesserungen bezüglich Butadien und monocyclischen Aromaten beim Einsatz hydrierter Gasölfraktionen bevorzugt auf die Umwandlung von gesättigten Ringkohlenwasserstoffen, wie Versuche mit einer ganzen Reihe von Modellkohlenwasserstoffen ergeben haben, zurückzuführen sind.

Während Cyclohexanderivate analog einer Retrodienreaktion in ethylenische und diolefinische Kohlenwasserstoffe aufspalten, zerfallen die mehrcyclischen Naphthene unter gleichzeitiger Bildung von Benzol, Toluol und Xylolen.

Von besonderem Interesse ist in diesem Zusammenhang das Spaltverhalten von Cycloalkylaromaten und mehrcyclischen Naphthenen.

Tabelle 7 Ausbeuten bei vergleichenden Spaltversuchen mit verschiedenen Ring-KW (in Masse-%)

Ring-KW in n-Heptan		Spaltgas $\leqq C_4$	Olefine $C_2 + C_3$	flüss. Prod. $\geq C_5$	Aromaten C_6–C_9
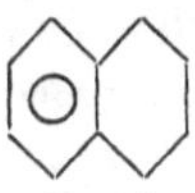	30%	45,3	24,6	54,7	2,9
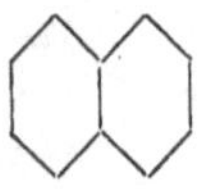	30%	52,3	27,7	47,7	14,7
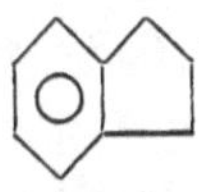	30%	40,6	23,1	59,4	2,2
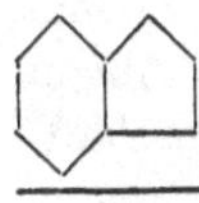	30%	60,7	33,2	39,3	12,6

Das Beispiel der Pyrolyse von Tetralin/Dekalin und Indan/Hydrindan (Tab. 7) zeigt, daß es Unterschiede in den Zerfallsgeschwindigkeiten beider Stofftypen gibt, Naphthene zerfallen schneller als Cycloalkylaromaten. Grundsätzliche Unterschiede gibt es in der Zusammensetzung der Spaltprodukte. Bei den Naphthenen ist der Spaltgasanteil größer, die Olefinausbeuten sind höher und bei relativ niedrigeren Flüssigproduktausbeuten ist der Anteil an monocyclischen Aromaten größer.

Da die Inhaltsstoffe von hochsiedenden KW-Fraktionen entscheidend die Produktausbeuten und die technische Betriebsführung von Pyrolyseanlagen beeinflussen, beschäftigen wir uns intensiv mit den kinetischen und reaktionsmechanistischen Gesetzmäßigkeiten der Umwandlung, insbesondere von mehrcyclischen gesättigten wie ungesättigten Verbindungen. Neben der Aufklärung des Spaltverhaltens und der wechselseitigen Beeinflussung unterschiedlicher Stofftypen im Pyrolyseprozeß, wird insbesondere dem Mechanismus der Koksbildung in Abhängigkeit von der Kohlenwasserstoffstruktur und den Prozeßbedingungen besondere Aufmerksamkeit geschenkt.

Von den bekannten Möglichkeiten der Pyrolyse von schweren Erdölfraktionen hat die Vorbehandlung dieser wasserstoffarmen Fraktionen in den letzten Jahren eine ganz beachtliche Ausweitung, insbesondere in der BRD und in den USA, erfahren. Man kann einschätzen, daß diese Tendenz weiter anhält.

Folgende Gründe sprechen dafür:

- Das ist einmal die bereits erwähnte Situation auf dem Rohstoffsektor und die Verknappung von klassischen Pyrolyserohstoffen;
- das ist aber auch die Tatsache, daß die Spaltung von vorbehandelten Gas-

ölfraktionen in vorhandenen Pyrolyseanlagen ohne aufwendige Um- und Neubauten möglich ist.

- Und noch einen Grund möchte ich nennen. Das sind die energischen Bemühungen, Pyrolyseanlagen eine höhere Flexibilität hinsichtlich der Einsatzprodukte zu verleihen. Bei einer angestrebten Benzin/Gasölfahrweise sollte die Substitution des Rohgasöles durch hydrierte Fraktionen wesentlich geringere Kosten verursachen, da der Spaltgasanfall und die Zusammensetzung der Spaltgase für Benzin und hydriertes Gasöl keine signifikanten Unterschiede aufweisen und die variable Auslegung von bestimmten Ausrüstungsteilen der Pyrolyseanlagen, insbesondere des kalten Teiles, daher weniger aufwendig ist.

II. Zur katalytischen Pyrolyse

In den letzten Jahren erschien eine Fülle von Veröffentlichungen, insbesondere von Patenten, in denen versucht wird, durch Katalysatoren den Ablauf der Pyrolyse und die Produktstrukturen zu beeinflussen. Diese wissenschaftlich-technischen Aktivitäten haben ihre tiefere theoretische Begründung in den bereits vor Jahrzehnten von den Klassikern der KW-Spaltung und Radikalkettentheorie, z. B. von Akademiemitglied SEMONOW, formulierten Aussagen, daß die Kohlenwasserstoffpyrolyse mechanistisch zu den heterogen-homogenen Reaktionen zu zählen ist und die Initiierungsreaktionen und Abbruchreaktionen der Radikalkettenmechanismen durch die Reaktorwand beeinflußt werden.

Die erschienenen Arbeiten verfolgten dabei folgende praktischen Ziele:

1. Die Durchführung der Pyrolysereaktionen bei milderen Reaktionsbedingungen; insbesondere ist dabei die Absenkung der Reaktionstemperatur vorgesehen, wobei bei niederen Temperaturen gleiche Umsätze erzielt werden sollen. Dadurch soll eine Einsparung von Energie bei der Pyrolyse erreicht werden. Weiterhin soll der Katalysator zur Beschleunigung der energetisch aufwendigsten Reaktionsstufe, der Bildung einer großen Radikalkonzentration, eingesetzt werden.

2. Die Erhöhung der Selektivität der Olefinbildung, wobei neben der Bildung niederer Olefine auch an die Gewinnung eines hochoktanigen Vergaserkraftstoffes als zusätzliches Produkt gedacht ist.

3. Reduzierung der Gum- und Koksbildung, um damit eine Voraussetzung für die Verarbeitung hochsiedender Kohlenwasserstofffraktionen zu schaffen.

Auch die bei uns vor einigen Jahren begonnenen Arbeiten verfolgen analoge Zielstellungen.

Zunächst einige prinzipielle Anmerkungen zur katalytischen Pyrolyse und auch zur Berechtigung des Begriffs ‚Katalytische Pyrolyse‘.

Ungeachtet der vielfältigen, zu dieser Problematik erschienenen Literatur wird die katalytische Pyrolyse von den verschiedensten Seiten recht widersprüchlich eingeschätzt.

Die Meinungen reichen dabei von Einschätzungen,

- daß eine Katalyse bei so hohen Temperaturen sehr zweifelhaft ist,
- daß der Katalysator lediglich das Oberflächen/Volumen-Verhältnis im Reaktor verändert,
- daß der Katalysator insbesondere den Wärmeübergang beeinflußt,
- und daß letztlich in Anbetracht der hohen Aktivierungsenergie der thermischen Kohlenwasserstoffspaltung, geringe Schwankungen der Temperatur erhöhte Umsätze mit sich bringen, die mit katalytischen Effekten verwechselt werden.

Es ist nicht zu leugnen, daß an einer Reihe von vorliegenden Ergebnissen, insbesondere aus der Patentliteratur, berechtigte Kritik geübt werden kann. Es ist aber auch eine Tatsache, daß katalytische Wirkungen bei sehr hohen Temperaturen bei verschiedenen Reaktionen eindeutig nachgewiesen werden konnten. Dabei ist es klar, daß für die Interpretation dieser Reaktion der Langmuir-Hinschelwood-Mechanismus wenig geeignet ist.

Es gibt bereits eine Reihe von großtechnisch betriebenen katalytischen Verfahren, wie z. B. das Steam-Reforming-Verfahren und die Salpetersäuregewinnung aus Ammoniak, die bei hohen Reaktionstemperaturen arbeiten. Der Einfluß von heterogenen Katalysatoren bei hohen Temperaturen bei der Spaltung von Kohlenwasserstoffen wird besonders durch einige japanische Arbeiten eindrucksvoll belegt. Aus Tabelle 8, die einige charakteristische Ergebnisse der Verarbeitung von hochsiedenden Kohlenwasserstofffraktionen entweder zu Synthesegas oder organischen Grundstoffen enthält, wird eindeutig die Rolle und die Zusammensetzung des Katalysators auf das Reaktionsergebnis sichtbar.

Tabelle 8 Umwandlung von leichtem Gasöl an unterschiedlichen Katalysatoren

Katalysator	Reaktionsprodukte (Vol.-%)					
	H_2	CH_4	CO	CO_2	C_2H_4	C_2H_6
T-12	39,3	27,2	3,2	4,9	24,6	0,8
α-Al_2O_3	39,9	26,3	7,7	1,6	23,2	0,9
Ni-Kat.	60,2	5,3	28,6	2,2	3,2	0,4

T = 850°C, molares Dampfverhältnis = 1,0

Der Katalysator für die Olefinerzeugung besteht vor allem aus Calciumoxid-Aluminiumoxid und enthält praktisch kein Siliciumdioxid.

Der Einsatz eines Katalysators, der Nickel enthält, verändert – wie aus dem Bild eindeutig hervorgeht – die Reaktionsrichtung grundsätzlich.

Dieser von der Toyo Engeneering entwickelte Calciumoxid-Aluminiumoxid-Katalysator wurde auch für die Olefinerzeugung aus unterschiedlichen Rohstoffen eingesetzt.

Tabelle 9 Vergasung verschiedener Erdöl-Destillate zur Herstellung von Olefinen

Einsatzstoff	Naphtha	Kerosin	leichtes Gasöl	Vakuum Gasöl
Temperatur (°C)	850	820	831	840
Kontaktzeit (s)	0,68	0,20	0,17	0,015
H_2O/C-Verhältnis	1,02	1,17	0,54	0,59
Vergasung (Ma-%)	80,1	76,6	69,6	56,9

Tabelle 10 Gasförmige Reaktionsprodukte (Ma-%)

Einsatzstoff	Naphtha	Kerosin	leichtes Gasöl	Vakuum Gasöl
H_2	2,5	3,0	2,4	0,8
CH_4	17,3	13,8	10,4	8,8
C_2H_6	1,8	1,9	2,4	2,1
C_2H_4	36,3	29,8	25,6	23,0
C_3H_6	13,4	15,4	16,5	14,3
C_4H_6	4,8	6,0	5,4	6,6

Einige typische Ergebnisse hinsichtlich der Zusammensetzung des gasförmigen Reaktionsproduktes vermitteln die Tabellen 9 und 10.

Typsich ist

- die Anwendung hoher Reaktionstemperaturen,
- die Durchführung der Reaktion bei relativ kleinen Verweilzeiten. Die Verweilzeit ist umso kleiner, je höher die Siedelage des Einsatzproduktes ist.
- Es werden außerordentlich hohe Olefinausbeuten ermittelt, die auf konventionellem Wege bisher nicht erreicht wurden.

Weitere Vorteile des Einsatzes von derartigen Katalysatoren sollen darin bestehen, daß die Bildung von Kohlenstoffablagerungen relativ klein ist und eine Abscheidung von Metallen auf dem Katalysator nicht erfolgen soll. Das ist besonders wichtig beim Einsatz von sehr hochsiedenden Fraktionen, wie z. B. Vakuumdestillaten.

Diese Untersuchungen, die in Pilotanlagen durchgeführt wurden, zeigen, daß es auch bei sehr hohen Temperaturen einen ausgeprägten Einfluß der Katalysatoren auf das Spaltergebnis gibt.

Die für die katalytische Pyrolyse in den Patenten beanspruchten Katalysatoren umfassen fast alle Elemente des periodischen Systems der Elemente und sind sehr schwer zu klassifizieren. Im wesentlichen lassen sich drei große Gruppen von Katalysatoren unterscheiden:

1. Amorphe und kristalline Alumosilikate (hier gibt es eine enge Anlehnung an die klassischen Crackkatalysatoren)

2. Alkali- oder Erdalkalialuminatverbindungen

3. Unterschiedliche Metalloxide auf verschiedenen Trägern, wie z.B. Aluminiumoxid, Zirkondioxid, Titandioxid u.a.

Insbesondere werden dabei Oxide von Metallen, wie Eisen, Chrom, Kobalt, Molybdän, Vanadium, Nickel und auch Edelmetalle, geschützt.

Besondere Vorteile sollen dabei Katalysatoren aufweisen, die mit Alkali- bzw. Erdalkalimetallen dotiert sind und gegenüber kohlenstoffhaltigen Ablagerungen vergasungsaktiv sind.

Eigene vorliegende Ergebnisse zur Pyrolyse von Kohlenwasserstofffraktionen an amorphen dotierten Alumosilikaten und ausgetauschten Mordeniten bestätigen die in der Literatur beschriebenen Ergebnisse. Es werden bei relativ tiefen Temperaturen in Gegenwart von Katalysatoren bei der Pyrolyse von n-Hexan- und Benzinfraktionen höhere Umsatzgrade und Olefinausbeuten erreicht als bei der thermischen Pyrolyse an Quarz.

Die Ergebnisse zeigen, daß mit Anhebung der Reaktionstemperatur die thermische gegenüber der katalytischen Anregung zunimmt, d.h., daß sich die Umsätze der thermischen und katalytischen Pyrolyse annähern. Charakteristische Unterschiede zwischen der katalysierten und der an inertem Quarzbruch durch-

Tabelle 11 Olefinausbeuten für verschiedene Einsatzprodukte

	Katalysator 7122			
	Hexan	Benzin	Kerosin	HN-Öl
t/°C	700	703	700	702
τ/s	0,3	0,3	0,3	0,3
Umsatz/%	52,5	–	–	–
C-Bildung	0,3	0,9	1,0	3,9
Produkte/Ma-%				
Fluß	36,1	34,6	40,9	42,7
Gase	63,6	64,4	58,1	53,4
C_2H_4	14,5	11,8	11,7	9,6
C_3H_6	16,9	17,0	17,8	10,4
ΣC_4	5,6	11,8	12,7	8,4
C_2H_4/C_3H_6	0,86	0,69	0,66	0,92
Σ Alkene	37,0	40,6	42,2	28,4
Alkane C_1–C_4	10,5	13,0	11,3	17,4
Alken-Selektiv.	0,70	0,63	0,72	0,54

geführten Pyrolyse bestehen insbesondere darin, daß das Ethylen/Propylen-Verhältnis in Gegenwart von Katalysatoren auf die Seite des Propylens verschoben ist (Tab. 11).

Neben der Suche und Weiterentwicklung von Katalysatoren an Modellsubstanzen (n-Hexan- oder Benzinfraktionen) haben wir die weiteren Untersuchungen auf die Verarbeitung hochsiedender Kohlenwasserstofffraktionen, insbesondere Vakuumdestillaten, konzentriert. Die Zielstellung besteht darin, zu untersuchen, inwieweit die Gewinnung niederer Olefine aus solchen hochsiedenden Fraktionen möglich ist und inwieweit eine flexible Fahrweise entweder zu organischen Grundstoffen und/oder zu hochoktanigen Vergaserkraftstoffen realistisch ist.

Die vorliegenden Ergebnisse bestätigen den Einfluß von Katalysatoren auf das Spaltergebnis und eröffnen damit neue Möglichkeiten für die Verarbeitung schwerer Kohlenwasserstofffraktionen zu organischen Grundstoffen.

Aus meiner Sicht ergeben sich für die Fortführung der Arbeiten auf diesem Gebiet folgende Aufgaben:

- Erarbeitung fundierter Grundlagen für eine gezielte Katalysatorauswahl und Abrücken von der bisher empirischen Auswahl von Katalysatoren. Das kann und muß durch die Ermittlung von Beziehungen zwischen den physikalisch-chemischen Eigenschaften der Katalysatoren und ihre Aktivität und Selektivität bei der Spaltung von Kohlenwasserstoffen geschehen.
- Auswahl des richtigen Modells für die standardisierte Katalysatorauswahl,
- Ermittlung des Spaltverhaltens unterschiedlicher Stofftypen am Katalysator, insbesondere des Spaltverhaltens von ein- und mehrkernigen Aromaten.
- Untersuchung von Möglichkeiten zur Verbesserung der CH-Bilanz des Einsatzproduktes durch Einführung von zusätzlichem Wasserstoff in elementarer oder gebundener Form in das Reaktionssystem.
- Erforderlich ist es auch, einen reproduzierbaren Katalysatorschnelltest zu entwickeln.

Trotz erfolgversprechender Anfänge sind wir noch ein ganzes Stück von der Lösung des gestellten Ziels entfernt. Wir hoffen aber, daß wir in enger Kooperation mit dem Bereich Kinetik und Katalyse des ZIPC und den Einrichtungen der chemischen Industrie wie auch in Zusammenarbeit mit sowjetischen Partnern einen qualitativen Fortschritt erzielen können.

Ausgehend von den vorliegenden Ergebnissen und Erkenntnissen zur Pyrolyse von hochsiedenden Kohlenwasserstofffraktionen habe ich versucht, einige Entwicklungsrichtungen, die international beschritten werden, darzulegen und den bei uns erreichten Stand auf dem Gebiet der Pyrolyse einzuschätzen. Es ist offensichtlich, daß eine ganze Reihe von Fragen noch unbefriedigend gelöst ist.

Aus meiner Sicht bedarf die Verarbeitung hochsiedender Erdölfraktionen der Untersuchung und Lösung einiger grundsätzlicher Probleme.

Dazu gehören

- die Ermittlung des Spaltverhaltens von Inhaltsstoffen aus hochsiedenden Erdölfraktionen. Hier existieren große Wissenslücken insbesondere über die Umwandlung von mehrcyclischen Naphthenen, Cycloalkenoaromaten und Aromaten bei thermischen und katalysierten Reaktionen. Von diesen Untersuchungen wird in hohem Maße der weitere Fortschritt auf diesem Gebiet abhängen. Ich möchte dazu nicht weiter sprechen, da bereits vor 2 Jahren Ausführungen dazu gemacht wurden und die detaillierte Darlegung zu viel Zeit in Anspruch nimmt.
- Als ein weiteres grundsätzliches Problem bei der Pyrolyse von hochsiedenden Kohlenwasserstofffraktionen hat sich die Kohlenstoffbildung und deren Abhängigkeit vom Charakter des Einsatzproduktes und den Prozeßparametern sowie der Prozeßführung herausgestellt.

Dazu einige neue Erkenntnisse und Ergebnisse:

Die Abscheidung kohlenstoffreicher und wasserstoffarmer fester Produkte verursacht bei der Durchführung thermischer und thermokatalytischer Reaktionen Schwierigkeiten in der technischen Reaktionsführung. Das gilt insbesondere für die Erzeugung niederer Olefine durch Pyrolyse von Schwerbenzin und Gasölfraktionen. Obwohl der Anteil von Koksablagerungen in den heißen Anlagenteilen am gesamten Stoffumsatz weit unter 1% liegt, so bestimmt er doch in erster Linie die Laufzeit von Pyrolyseanlagen und das ökonomische Ergebnis. Den mechanistischen Untersuchungen zur Koksbildung wird daher gerade in den letzten Jahren ein reges Interesse entgegen gebracht. Im Vordergrund standen lange Zeit recht pragmatische Untersuchungen, mit denen eine Unterdrückung der Koksbildung durch Zugabe von Additiven wie NO, Propylen, Aminen, S-Verbindungen, Polysiloxanen erreicht werden sollte. Der erhoffte Erfolg blieb aus, praktische Konsequenzen wurden aus diesen Untersuchungen jedenfalls nicht gezogen.

In letzter Zeit sind einige interessante Arbeiten erschienen, den einmal gebildeten koksähnlichen Ablagerungen durch Vergasungsreaktionen entgegenzuwirken. Von besonderem Interesse ist hierbei die Vergasung des Kokses im Reaktor in Gegenwart von K_2CO_3, das in Form einer wässrigen Lösung dem Einsatzprodukt zugegeben wird. Der dabei an den Reaktorwänden entstehende Salzfilm katalysiert offenbar die Vergasung von bereits abgelagertem oder sich bildendem Koks. Ungeachtet der Vielzahl der vorliegenden Arbeiten zum Mechanismus der Koksbildung tragen diese zum Teil spekulativen Charakter und sind in sich widersprüchlich, so daß sie nur bedingt verallgemeinerungsfähig sind.

Im Gegensatz zu Ergebnissen aus der Literatur, in dem nur der Summarkoks beschrieben wird, und in Übereinstimmung mit industriellen Erfordernissen, haben wir eine Versuchsappartur aufgebaut, die es gestattet, den Anfall koks-

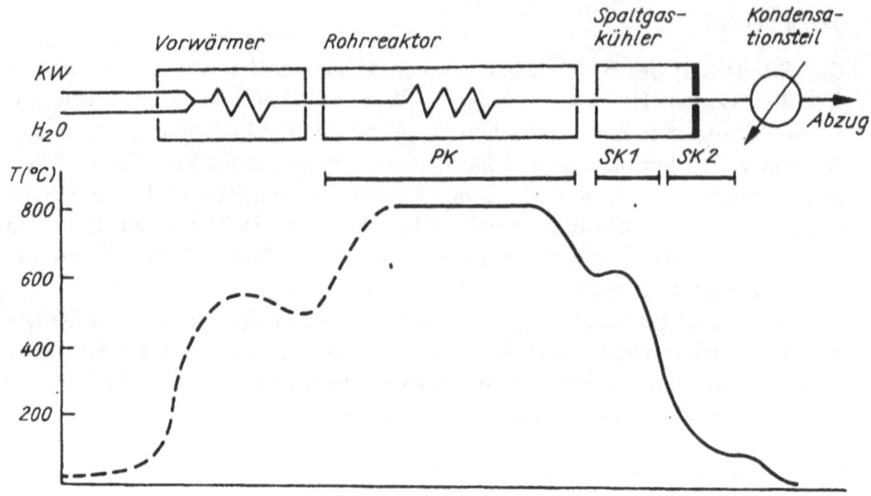

Abb. 5 Schema der Versuchsapparatur, Temperaturprofil

ähnlicher Ablagerungen getrennt zu erfassen und zwar im Reaktionsrohr und im Spaltgaskühler (siehe Abb. 5).

Hinzu kommt, daß in der Literatur im Gegensatz zu den Bedürfnissen der industriellen Praxis der Bildung und Ablagerung von Koks im Spaltgaskühler, als dem eigentlichen limitierenden Element, nur eine geringe Aufmerksamkeit geschenkt wird.

Wir haben nun versucht, durch gezielte Untersuchungen in der oben dargestellten Apparatur diese Lücke zu schließen und uns gleichzeitg einen eigenen Standpunkt zu den widersprüchlichen Auffassungen in der Literatur zu erarbeiten, in dem wir die Koksbildung in Abhängigkeit von technisch relevanten Versuchsbedingungen wie Versuchsdauer, Reaktionstemperatur für einige technische Erdölfraktionen unterschiedlicher Zusammensetzung untersucht haben.

Die Pyrolyse einer Benzin- und einer Gasölfraktion unter gleichen Reaktionsbedingungen ergab einige überraschende Ergebnisse hinsichtlich der Bildung des Primär- und des Sekundärkokses. (Als Primärkoks bezeichnen wir die Ablagerungen im Pyrolysereaktor, als Secundärkoks die Ablagerungen im Spaltgaskühler).

Die Abhängigkeit der Primärkoksbildung von der Reaktionstemperatur ist für beide Fraktionen in Abbildung 6 dargestellt. Sie zeigt, daß die Koksbildung mit der Reaktionstemperatur ansteigt, für Gasöl wesentlich geringer als für Benzin.

Einen gänzlich umgekehrten Verlauf zeigt die Temperaturabhängigkeit der Sekundärkoksbildung aus den genannten Fraktionen (Abb. 7). Die Sekundärkoksbildung aus Benzin ist deutlich niedriger als aus Gasöl.

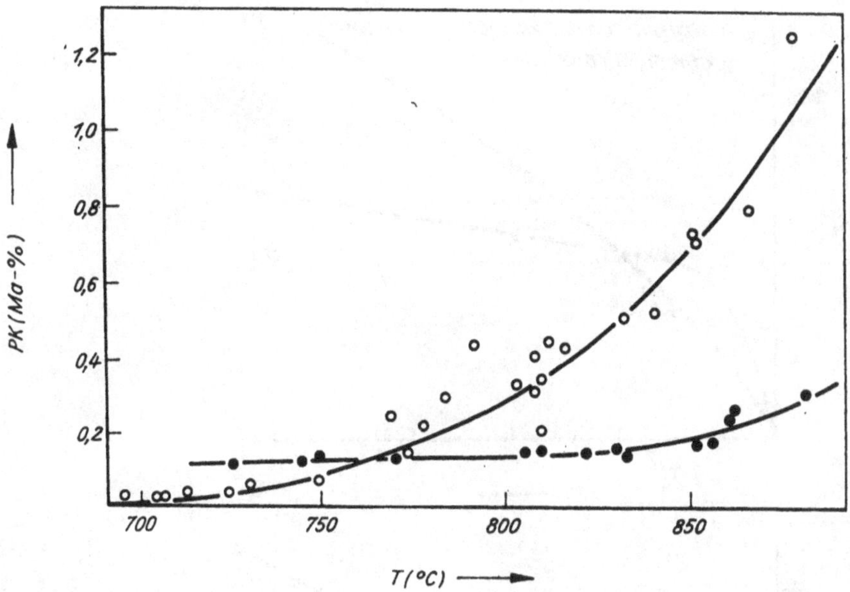

Abb. 6 Abhängigkeit der Primärkoksbildung von der Reaktionstemperatur
○ Benzin
● Gasöl

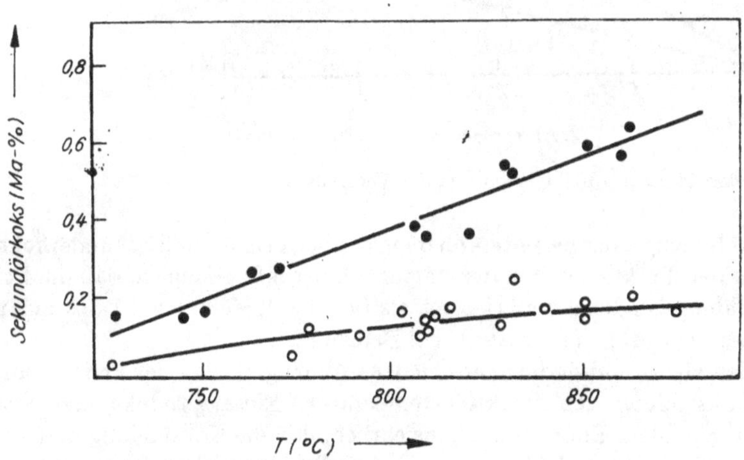

Abb. 7 Temperaturabhängigkeit der Sekundärkoksbildung
○ Benzin
● Gasöl

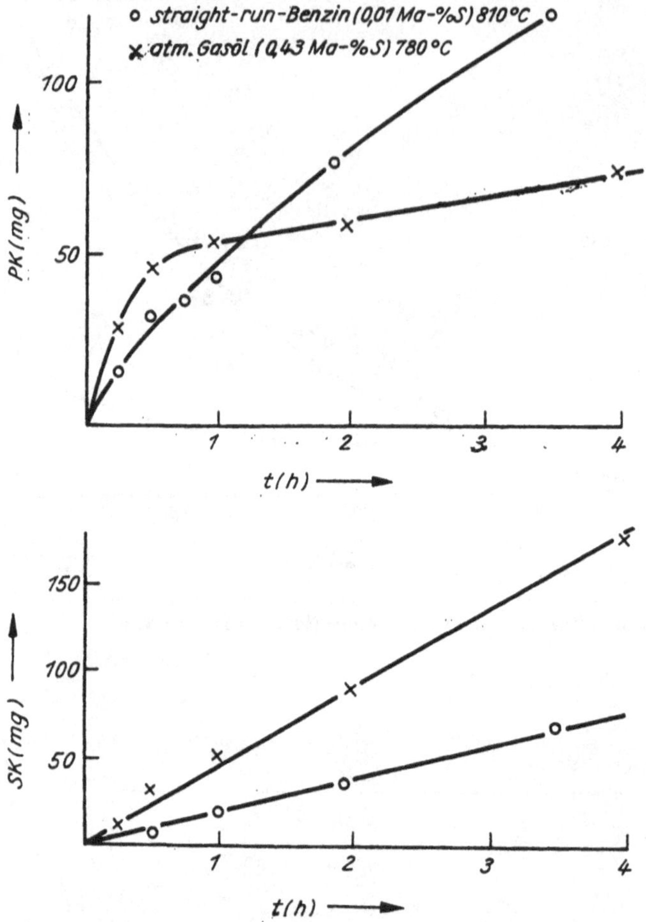

Abb. 8 Koksbildung in Abhängigkeit von der Versuchsdauer

Die in Abbildung 8 dargestellte Abhängigkeit der Primär- und Sekundärkoksbildung beider Fraktionen von der Versuchsdauer läßt erkennen, daß die Primärkoksbildung bei Benzin stärker ist als bei Gasöl, während die Sekundärkoksbildung bei Gasöl stärker ist als bei Benzin.

Es werden also grundsätzlich verschiedene Abhängigkeiten der Primär- und Sekundärkoksbildung von Reaktionstemperatur, Einsatzprodukt und Versuchsdauer gefunden. Es ist ganz offensichtlich, daß die Koksbildung in erster Linie durch die Reaktionsbedingungen beeinflußt wird und weniger durch die Zusammensetzung des Einsatzproduktes, daß aber die Bildung des Sekundärkokses weitgehend unabhängig von den Reaktionsbedingungen im Reaktionsrohr und im Spaltkühler ist, sondern in erster Linie von der Zusammensetzung des Einsatzproduktes bestimmt wird. Es bleibt also festzustellen, daß der Übergang bei der Pyrolyse von Fraktionen mit zunehmender Siedelage zu einer deutlichen Zunahme des Sekundärkokses führt, die Primärkoksbildung aber kleiner wird.

Das Gesagte wird auch durch die Tabelle 12 bestätigt, in der die Bildung von Primär- und Sekundärkoks für verschiedene Pyrolyserohstoffe dargestellt ist.

Tabelle 12 Vergleich der Koksbildung aus Benzin, Gasöl und perhydriertem Gasöl (T —810°C, —0,35 s, H_2O/KW-Verhältnis 0,7)

Einsatzprodukt	Primärkoks Ma.-%	Sekundärkoks	Sekundär-koksextrakt
straight-run-Benzin	0,35	0,17	0,14
full-range-Gasöl	0,23	0,34	0,76
perhydr. Gasöl	0,15	0,13	0,02

Aus den Ergebnissen folgt, daß wir uns eine präzisere Ausdrucksweise angewöhnen müssen, wenn wir über Koks sprechen.

Die stärkere Neigung zur Bildung von kokshaltigen Ablagerungen bei der Pyrolyse von hochsiedenden KW-Fraktionen gegenüber Gasen oder Benzinfraktionen bezieht sich also ausschließlich auf die Zunahme des Sekundärkokses (Abb. 9).

Die gefundenen Ergebnisse aus Laboruntersuchungen, die nicht schematisch auf die technische Reaktionsführung übertragen werden dürfen, erlauben folgende Schlußfolgerungen:

1. Mit steigender Reaktoraustrittstemperatur und damit steigender Spaltschärfe ist für Benzin mit einem stärkeren Anwachsen der Primärkoksbildung gegenüber der Sekundärkoksbildung zu rechnen, für Gasöl als Einsatzprodukt steigt auch die Sekundärkoksbildung merklich an.
2. Mit steigender Siedelage des Einsatzproduktes verschieben sich die Koksablagerungen zunehmend aus dem Pyrolysereaktor in den Quenchteil.
3. Eine hydrierende Vorbehandlung höhersiedender aromatenreicher Einsatzprodukte führt zu einer merklichen Absenkung der Sekundärkoksbildung, die Primärkoksbildung wird nur geringfügig verringert.

Über diese rein phänomenalogischen Untersuchungen hinaus haben wir den Zusammenhang zwischen Struktur und Reaktivität von Kohlenwasserstoffen bei der Koksbildung systematisch unter Anwendung der Tracer-Technik untersucht (Abb. 10).

Für die in Abbildung 10 aufgeführten ^{14}C-markierten Verbindungen wurden die relativen Geschwindigkeitskonstanten der Koksbildung bei der Pyrolyse

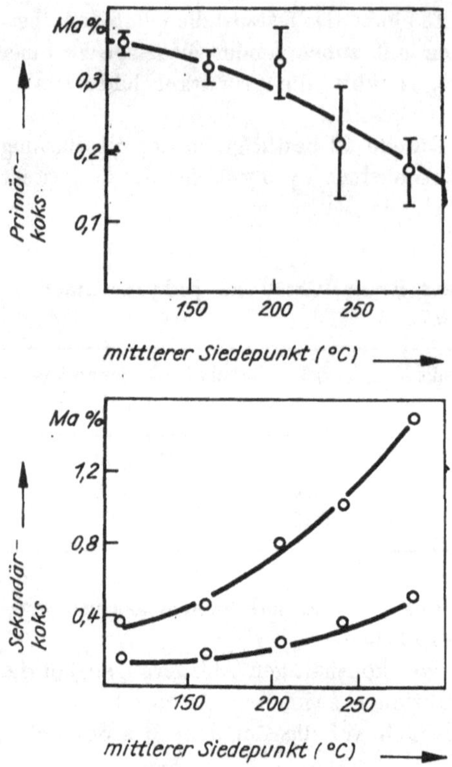

obere Kurve:
Sekundärkoks

untere Kurve:
Sekundärkoksextrakt

Abb. 9 Abhängigkeit der Primär- und Sekundärkoksbildung von der Siedelage

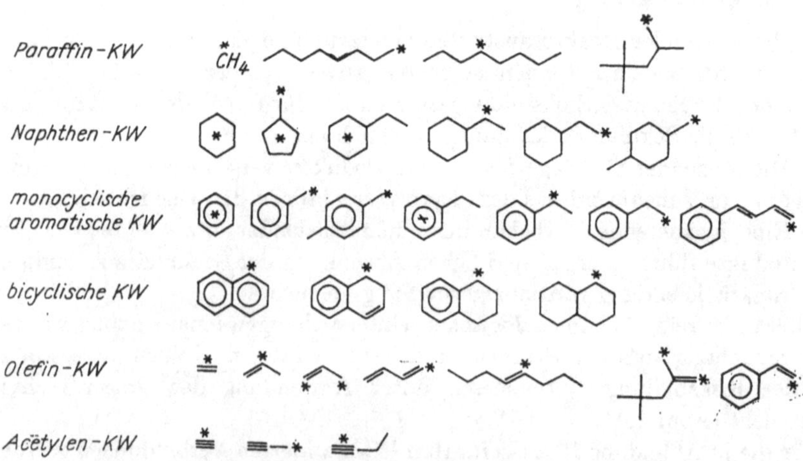

Abb. 10 C^{14}-markierte Kohlenwasserstoffe

bestimmt, die interessante Schlußfolgerungen über den Mechanismus der Koksbildung im Pyrolysereaktor und im Spaltgaskühler zulassen. Eine zusammenfassende Darstellung und Auswertung dieser Ergebnisse erfolgt zu einem späteren Zeitpunkt.

Einige Bemerkungen zu Fragen der Analytik:

Eine weitere Grundvoraussetzung zur erfolgreichen Bearbeitung der Problematik der Spaltung hochsiedender Kohlenwasserstofffraktionen ist die analytische Charakterisierung der hochsiedenden Einsatzprodukte sowie die schnelle und sichere Identifizierung der entstandenen Reaktionsprodukte.

Die bekannten klassischen analytischen Methoden, wie die n-d-M-Methode, die Anilinpunktbestimmung, die Aromatenbestimmung nach KATTWINKEL, die Bromzahlbestimmung u.a., reichen zur Verfolgung und Interpretation solcher komplexer Kohlenwasserstoffreaktionen, mit denen wir es hier zu tun haben, nicht mehr aus. Die Analytik erweist sich immer mehr als der bestimmende Faktor für den Fortgang der Arbeiten und für die Tiefe des Informationsgehaltes. Ist für eine Reihe von Untersuchungen die Ermittlung der Stoffgruppenzusammensetzung noch ausreichend, so erfordern kinetische und reaktionsmechanistische Untersuchungen präzise Angaben über die Struktur und die Zusammensetzung der Ausgangs- und Reaktionsprodukte. Die Situation wird noch komplizierter und nahezu unüberschaubar, wenn man vom Gasölsiedebereich auf noch höher siedende Erdölfraktionen, wie z.B. Vakuumdestillate, übergeht. Das bedarf des Einsatzes vielfältiger, leistungsfähiger instrumental-analytischer Methoden, wie der Gaschromatographie kombiniert mit der Massenspektroskopie, der Hochdruckflüssigchromatographie, der Messung der kernmagnetischen Resonanz, der Massenspektroskopie u.a. Wir haben deshalb in enger Zusammenarbeit mit dem MDZ des Zentral-Instituts für physikalische Chemie, dem Institut für technische Chemie und unter Hinzuziehung von Einrichtungen der chemischen Industrie eine Analyse des gegenwärtigen Standes angefertigt und ein Arbeitsprogramm für die Analyse hochsiedender Erdölfraktionen aufgestellt und eine arbeitsteilige Zusammenarbeit beschlossen. Die Lösung dieser Aufgabenstellung erfordert von allen Beteiligten ein hohes Maß an Bereitschaft und intensiver kontinuierlicher Arbeit.

Die experimentellen Arbeiten wurden im wesentlichen von den Herren Prof. Dr. ZIMMERMANN, Dr. GÜNSCHEL und Dr. KOPINKE durchgeführt. Ihnen möchte ich auch für die Mitarbeit am Manuskript herzlich danken.

Hans-Joachim Spangenberg

Die Hochtemperaturpyrolyse von Kohlenwasserstoffen

1. Problemstellung

Im Gegensatz zu der Mitteltemperaturpyrolyse von Kohlenwasserstoffen bei 600–800 °C, wie sie vor allem zur Bildung von Äthylen und Propylen durchgeführt wird (s. Vortrag von OM Nowak), erfordert die stark endotherme Bildung noch energiereicherer Verbindungen, wie Acetylen, Cyanwasserstoff, Dicyan u. a., außer den bekannten konventionellen chemischen Prozessen (Calziumkarbidprozeß), wenn Kohlenwasserstoffe als Ausgangsprodukte eingesetzt werden sollen, die Durchführung von Hochtemperaturpyrolysen bei $T \gtrsim 3000$ K. Prinzipiell sind hierfür sowohl nichtisotherme als auch thermische Plasmen geeignet. Bei Anwendung kalter elektrischer Entladungen in Form der Glimm- oder Corona-Entladung, bei denen die Pyrolyse durch stoßende Elektronen ausgelöst wird, ist der Prozeß nicht genügend selektiv, zum anderen ist wegen des sehr verminderten Druckes dieser Entladungen der Stoffdurchsatz gering und für den Umsatz größerer Mengen von Kohlenwasserstoffen (z. B. Erdgas) ineffektiv.

Weit interessanter ist für diesen Zweck der Lichtbogen bzw. der Plasmastrahl, der bei Normal- oder höherem Druck betrieben werden kann, dessen energiereiches Wasserstoff-, Stickstoff- oder Argonplasma sich für die Zumischung großer Anteile an Kohlenwasserstoffen – vom Methan bis zu hochsiedenden Erdölfraktionen und Kohleinhaltsstoffen – eignet.

Im folgenden sollen im Zusammenhang mit dem Begriff der Hochtemperaturpyrolyse (Plasmolyse) vorrangig folgende Gesichtspunkte betrachtet werden:
- die Wandlung niederer Alkane zu Acetylen
- der Zerfall des Acetylens und die Nukleation des Kohlenstoffs
- Rolle von Radikalen und Bildung der höheren Acetylene.

In schnellströmende Plasmen (300...1000 m s^{-1}) z. B. von Wasserstoff, Stickstoff oder Argon mit mittleren Massentemperaturen von 3000–8000 K werden niedere Alkane mit ausreichender Geschwindigkeit eingeführt, so daß eine innige Durchmischung gewährleistet ist. Danach laufen im strömenden Reaktionsmedium Pyrolyseprozesse ab, die über schnelle Dissoziations- und

Rekombinations-Reaktionen Acetylen u.a. ungesättigte Verbindungen entstehen lassen. Sodann muß ein Quenchvorgang ausreichender Geschwindigkeit $\left(\frac{dT}{dt} \approx 10^7 \text{ grd s}^{-1}\right)$ einsetzen, der dem weiteren Zerfall der eben gebildeten Spezies entgegenzuwirken hat.

Zur physikalisch-chemischen Charakterisierung von Pyrolysen im Plasma wurden experimentell und theoretisch am Zentralinstitut für physikalische Chemie folgende Methoden eingesetzt:

- Gaschromatographische und massenspektrometrische Verfolgung von Produkten der Kohlenwasserstoffpyrolyse im Plasmastrahl und im elektrischen Funken bei Variation verschiedener physikalischer Parameter.
- Diagnostik mittels gekühlter Kapillarsonden, um die ortsabhängigen Werte für die Enthalpie und Ionenkonzentration, sowie über Massenspektrometer, Quenchprofile der stabilen Spezies wie C_2H_2 oder HCN in den verschiedenen Partien des Plasmastrahls zu messen.
- Emissionsspektroskopie zur Identifizierung radikalischer Spezies und der Aufnahme von Temperaturprofilen im reaktiven Plasma (Bestimmung der Subtemperaturen T_{rot}, T_{os} anhand der Spektren 2-atomiger Radikale). Hiermit soll insbesondere geklärt werden, in welchen Gebieten des reaktiven Plasmas eine Boltzmann-Verteilung der Energie nicht erfüllt ist.
- Messung von Reaktionsgeschwindigkeitskonstanten sowie der optimalen Verweilzeiten bei Pyrolysen mittels des chemischen Stoßwellenrohres.
- Simultangleichgewichtsberechnungen zur Klärung der Frage, welche C_nH_m-Moleküle bei welchen Temperaturen thermodynamisch begünstigt sind.
- Kinetische Berechnungen zur Verteilung von Radikalen und Molekülen längs der Achse des Plasmastrahls und in Transversalebenen.
- Berechnung von Bildungsenergien, Zustandssummen und thermodynamischen Funktionen bei hohen Temperaturen für eine Vielzahl von Radikalen sowie Acetylen- und Cyanverbindungen.

2. *Experimentelle Untersuchungen*

2.1. Pyrolyse von Propan als Beispiel eines Hochtemperaturprozesses

Zum Einsatz gelangte ein thyristorgesteuertes 20 kW-Plasmatron mit Wolfram-Katode und Kupfer-Hohlanode. Die Einmischung des Kohlenwasserstoffs (hier als Standardbeispiel Propan) in den Wasserstoffplasmastrahl erfolgte senkrecht zur Strömungsrichtung des Plasmas durch einen Ringspalt. Auf Grund der Dimensionierung des Ringspaltes wird der Kohlenwasserstoff mit genügend hoher Geschwindigkeit in den Wasserstoffstrahl eingebracht und eine ausreichende Durchmischung gewährleistet. Nachdem das reaktive Hochtemperaturgasgemisch den Weg z in einer zylindrischen wandgekühlten Rohrkammer zurückgelegt hat, erfolgt die Abschreckung an einer gekühlten Hohl-

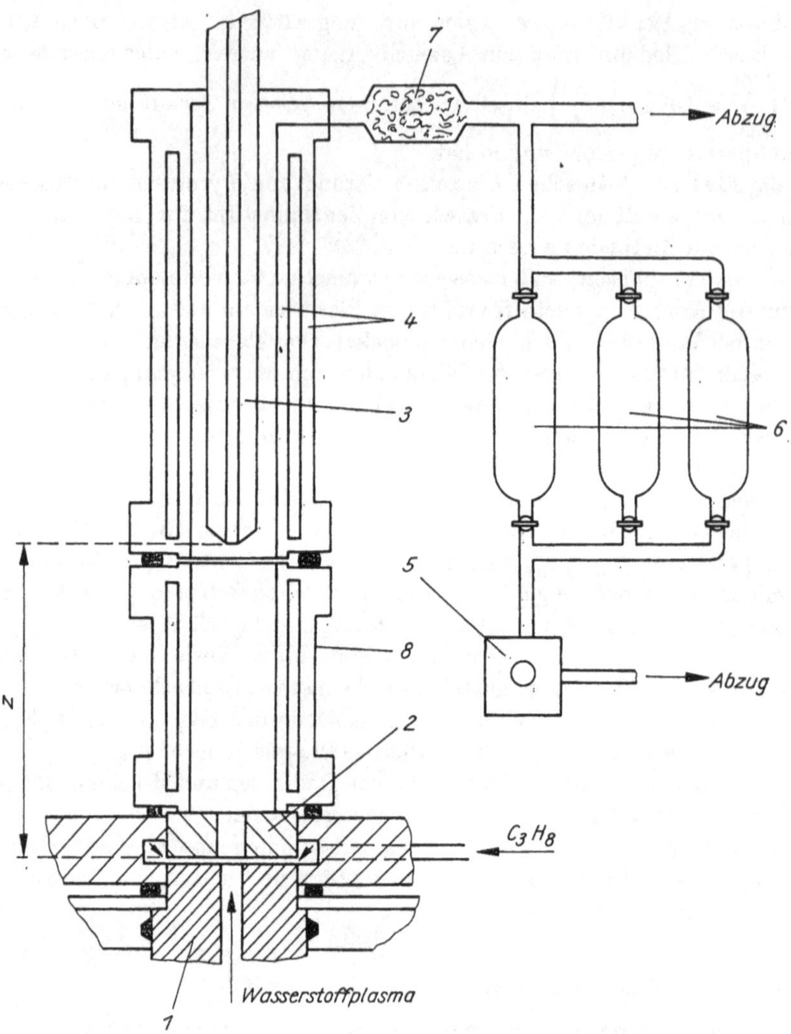

Abb. 1 Apparatur zur Umsetzung von Propan im Wasserstoffplasmastrahl (20 kW-Plasmabrenner)

1 Anode
2 Ringspalt
3 Hohlsonde
4, 8 Rohrkammer
5 Vakuumpumpe
6 Probenaufnahme
7 Rußfilter

sonde, wobei die Möglichkeit einer Probenentnahme zur gaschromatographischen und massenspektrometrischen Analyse sowohl vom gesamten Quenchgas am Ausgang der Rohrkammer als auch unmittelbar von der Strahlachse über den Sondenkanal besteht. Die Sonde ist entlang der Achse des Plasmastrahls beweglich und gestattet die punktweise Aufnahme axialer Quenchprofile. Für die Umsetzung des Propans wurde dem Wasserstoff über das Plasmatron eine mittlere Massenenthalpie von 40...45 kcal mol^{-1} vermittelt.

Tabelle 1 Experimentelle Anfangsparameter des Plasmasystems

Plasmatronleistung in kW	20
Enthalpie des Wasserstoffplasmas in kcal · mol^{-1}	45
Eingesetzter Wasserstoff in l h^{-1}	3000
Eingesetztes Propan in l h^{-1}	750
Mittlere Massengeschwindigkeit v_0 des Wasserstoffstrahls in m s^{-1}	600

Diesem Wert entspricht unter Berücksichtigung der Dissoziation $H_2 \rightarrow 2\,H$ eine mittlere Temperatur von 3200–3400 K. Die mittlere Massengeschwindigkeit v_0 nach Austritt aus der Anode beträgt gemäß $v_0 = \frac{MRT}{p\sum_i c_i m_i} \approx 600$ m s^{-1} mit M als Durchsatzmenge je Flächeneinheit, $p = 1$ atm und m_i als Molmassen des atomaren und molekularen Wasserstoffs.

Tabelle 2 Zusammensetzung des abgeschreckten Pyrolysegases

	Vol.-%	% bezogen auf eingesetzten Kohlenstoff
Acetylen	15,7	72,23
Diacetylen	0,42	4,47
Monovinylacetylen	0,29	2,49
Propadien	0,05	0,32
Methan	4,7	10,66
Äthan	0,03	0,09
Propan	–	–
Äthylen	2,0	7,06
Propylen	–	
Butadien 1,3	0,05[1]	Ruß
Methylacetylen	0,05[1]	2,7
Propenylacetylen	0,05[1]	

[1] geschätzt in Anlehnung an Propadien u. Monovinylacetylen

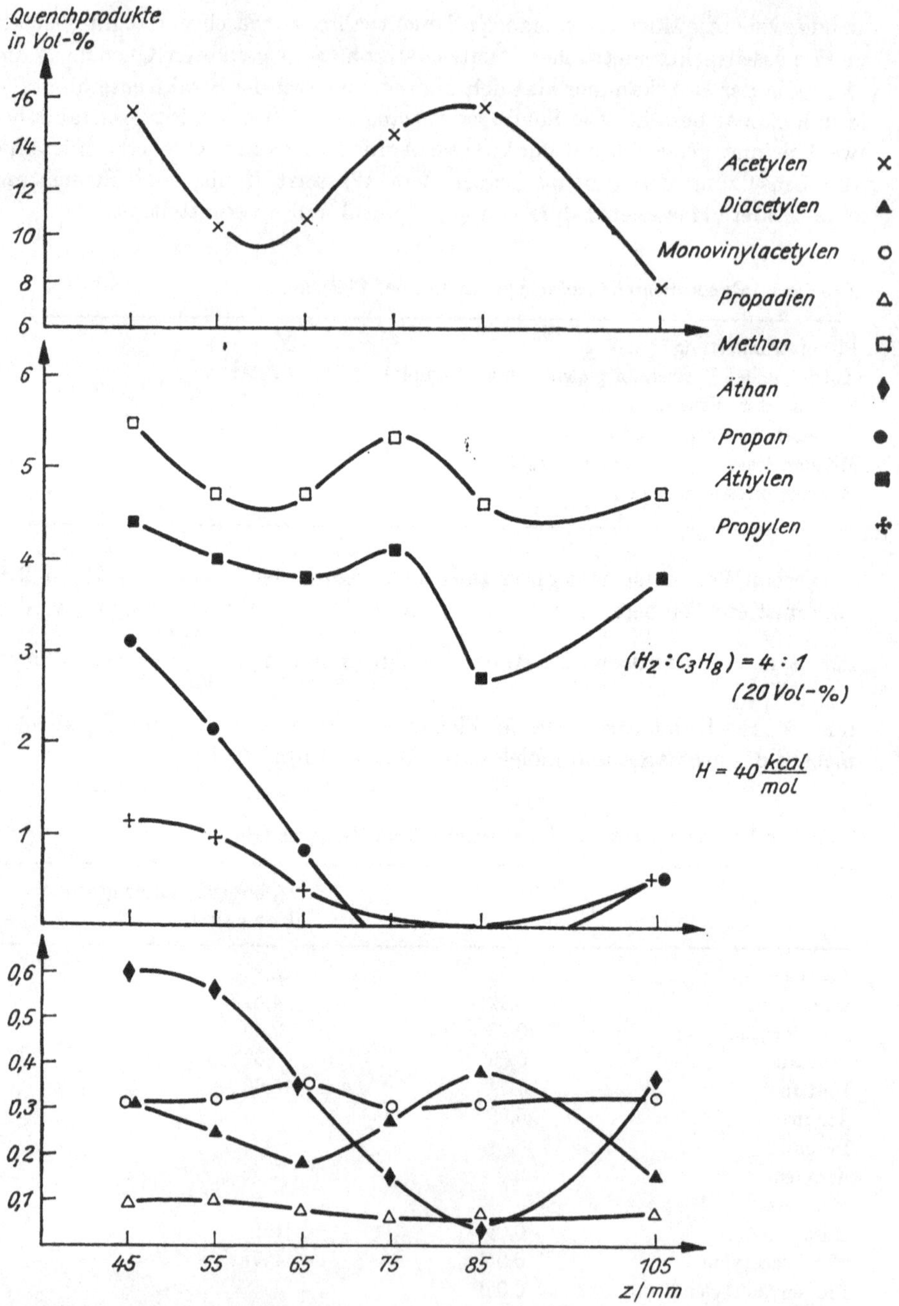

Abb. 2 Pyrolyse von Propan im Wasserstoff-Plasmastrahl, Konzentration der Quenchprodukte als Funktion des Abstandes *z*

Die Maximalkonzentrationen der einzelnen Komponenten sind abhängig von den jeweiligen Versuchsbedingungen. Bei einem Quenchgliedabstand von z. B. $z = 85$ mm von der Zumischung des Propans, einem Mischungsverhältnis $H_2/C_3H_8 = 4/1$, und einer Enthalpie des Wasserstoffplasmas von $H = 45$ kcal mol^{-1} wurden die in Tabelle 2 genannten Konzentrationen bestimmt.

Gemäß Tabelle 2 treten die unerwünschten Nebenprodukte Diacetylen, Monovinylacetylen und Propadien mit Gesamtkonzentrationen um 1 Vol.-% auf. Die Konzentration der Pyrolyseprodukte ist jedoch in hohem Maße abhängig vom Abstand KW-Zumischung-Quenchglied. In Abbildung 2 sind solche Funktionen längs der Achse des Plasmastrahls dargestellt.

2.2. Stoßrohrexperimente und chemische Kinetik bei hohen Temperaturen

Untersuchungen mit gekühlten Rohrsonden und die Auswertung von Emissionsspektren des kohlenwasserstoffvermischten Plasmastrahls ergeben, daß

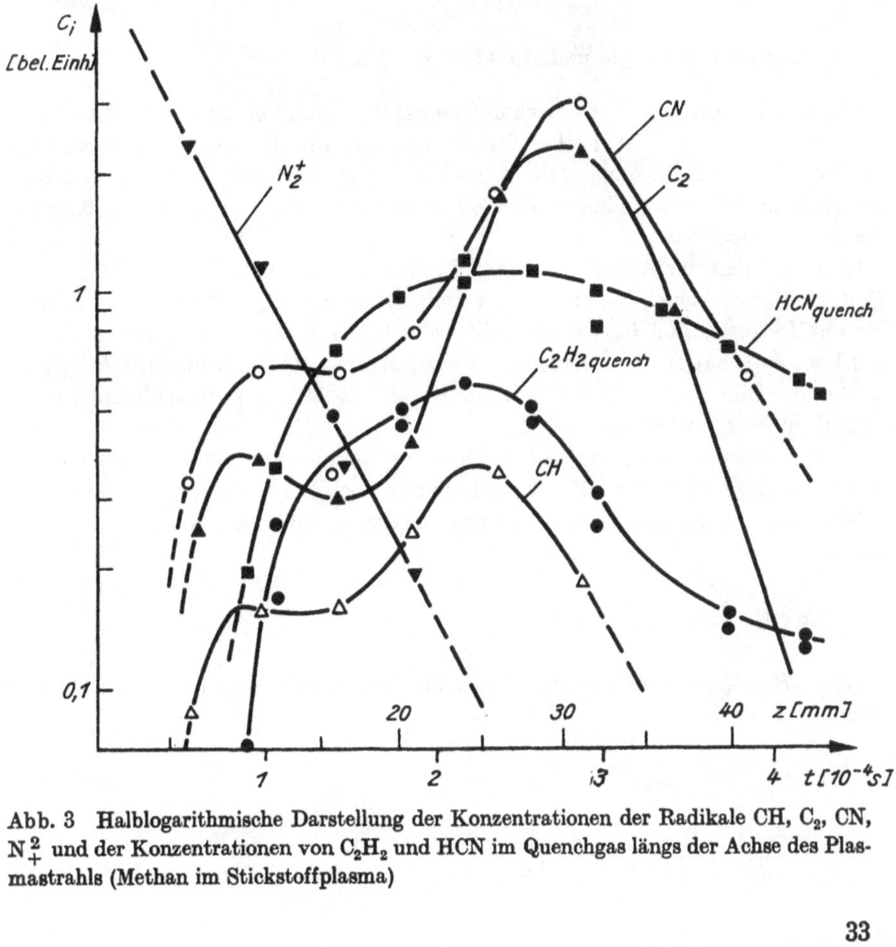

Abb. 3 Halblogarithmische Darstellung der Konzentrationen der Radikale CH, C_2, CN, N_+^2 und der Konzentrationen von C_2H_2 und HCN im Quenchgas längs der Achse des Plasmastrahls (Methan im Stickstoffplasma)

sowohl Radikale als auch die neugebildeten stabilen Verbindungen entlang der Strahlachse mit unterschiedlichen Konzentrationen verteilt sind; durch die Gasströmung des Plasmas wird das zeitlich nacheinander ablaufende Reaktionsgeschehen in ein räumliches Nebeneinander zerlegt.

Nach der Einführung von Methan in einen Stickstoffplasmastrahl z. B. kann der relative Konzentrationsverlauf der Spezies CH, C_2, CN, C_2H_2, HCN in Abhängigkeit vom Ort längs des Plasmastrahls gemäß Abb. 3 dargestellt werden.

Der Punkt $z = 0$, entsprechend $t = 0$, ist dabei jener Ort, wo das Methan in den Plasmastrahl eingemischt wird. Wie ersichtlich, durchlaufen die Konzentrationen Maxima, so daß es einen günstigsten Ort bzw. Zeit gibt für den Abbruch der Hochtemperaturreaktionen (Quench). Demnach gibt es zur Bildung von Acetylen eine optimale Verweilzeit, die angibt, wie lange der Kohlenwasserstoff heiß sein muß, damit die Zielverbindung der Pyrolyse maximal auftritt.

3. *Stoßrohruntersuchungen und Aussagen zur Kinetik*

Um den Zusammenhang zwischen Temperatur und Verweilzeit zu erfassen, gelangte bei uns ein chemisches Stoßwellenrohr zum Einsatz. Hierbei waren auf Grund der verschiedenen Drücke im Treibrohr und Laufrohr Temperaturen des Methans zwischen 1500 und 3000 K und Verweilzeiten zwischen 0,2 ms und 5 ms einstellbar.

In drei Teilen der Abbildung 4 sind für Temperaturen 1540 K, 1850 K und 2400 K die zeitlichen Lagen der Maxima für Acetylen, Äthylen und Äthan bei der Pyrolyse von CH_4 dargestellt. Würde die Pyrolyse sehr zeitig abgebrochen, so erhält man Äthan, bei etwas längeren Reaktionsdauern Äthylen und schließlich Acetylen. Bei fortschreitender Reaktion tritt schließlich der Zerfall in die Elemente ein.

Weiter erkennt man, daß mit wachsender Temperatur die günstigste Verweilzeit kleiner wird, bei 2400 K liegt sie nur noch bei 1 ms.

Will man einen quantitativen Zusammenhang herstellen für den Bruttoprozeß

$$CH_4 \xrightarrow{k_1'} C_2H_2 \xrightarrow{k_2'} C,H_2$$

($A \rightarrow B \rightarrow$ Elemente), so ergibt sich für eine konsekutive Folge von Reaktionen 2. Ordnung

$$\frac{d[A]}{dt} = -k_2'[A]^2$$

$$\frac{d[B]}{dt} = \frac{1}{2} k_1' [A]^2 - k_2' [B]^2$$

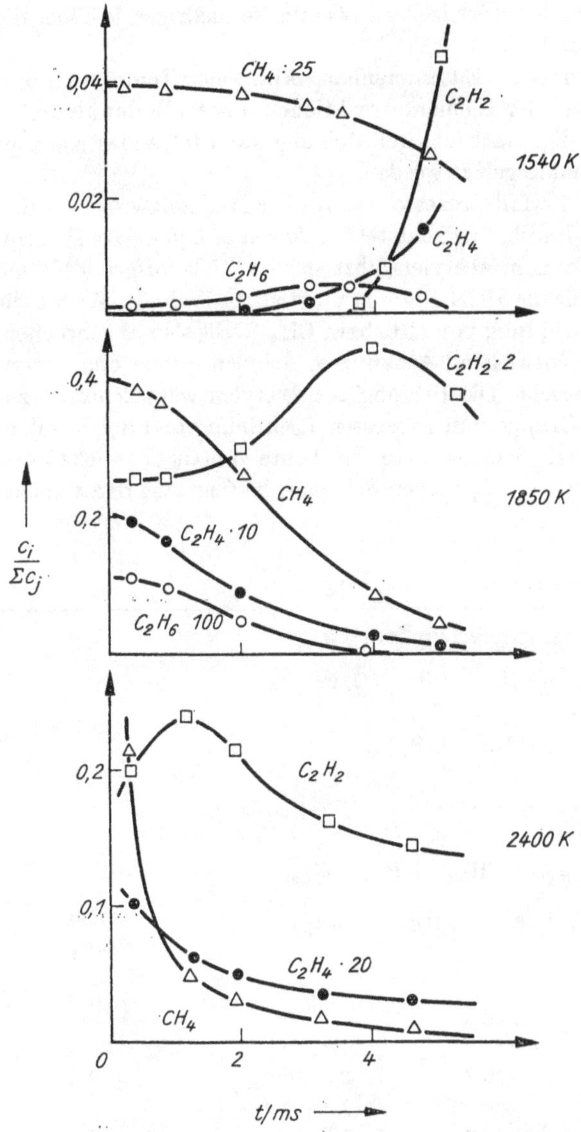

Abb. 4 Stoßrohruntersuchungen der Pyrolyse von Methan. Zusammenhang zwischen Temperatur und optimaler Verweilzeit für die Bildung von Acetylen

$t = 0$, $[A] = [A]_0$, $[B] = 0$, das führt schließlich auf

$$t_{\text{opt.}} = \frac{1}{k'_1 [A]_0} \left[\left(\frac{1 + \sqrt{1 + \varkappa}}{1 - \sqrt{1 + \varkappa}} \cdot \frac{\sqrt{\varkappa} - 1 + \sqrt{1 + \varkappa}}{\sqrt{\varkappa} - 1 - \sqrt{1 + \varkappa}} \right)^{\frac{1}{\sqrt{1 + \varkappa}}} - 1 \right]$$

mit $\varkappa = 2\, k_2'/k_1'$. Die optimale Verweilzeit ist also um so niedriger, je höher die Methan-Anfangskonzentration liegt.

Für ein tieferes Verständnis des Zusammenhanges zwischen Temperatur und Verweilzeit sind Kenntnisse der Elementarreaktionen innerhalb des gesamten Pyrolyseprozesses notwendig. Nach unserer Meinung kann folgendes Konzept der Acetylenbildung zugrunde gelegt werden.

Schnelle unimolekulare Zerfallsprozesse lassen über Radikalzwischenstufen CH_3 und CH_2 das Methin-Radikal CH entstehen, dessen bimolekulare Rekombination untereinander z. B. zum Acetylen führt, das im Stickstoffgrundplasma aber auch eine Vorstufe für die HCN-Bildung darstellt (s. Abb. 3). Würde die Pyrolyse bereits nach der Bildung von CH_3 bzw. CH_2-Radikalen abgebrochen, so finden wir im Finalgas vorwiegend Äthan bzw. Äthylen, wie es den experimentellen Befunden entspricht. Die Bildung des Acetylen wäre demnach zusammengesetzt aus einer Gruppe von Prozessen 1. Ordnung und der Radikalrekombination 2. Ordnung. Benutzt man die heute hinlänglich bekannten Geschwindigkeitskonstanten $k_1 \ldots k_7$ obigen Schemas, so folgt aus den numerischen Resultaten,

Tabelle 3 Optimale Verweilzeit und Reaktionsordnung

$$CH_4 \xrightarrow{k_1} CH_3 \xrightarrow{k_2} CH_2 \xrightarrow{k_3} CH \xrightarrow{k_4} C, H$$

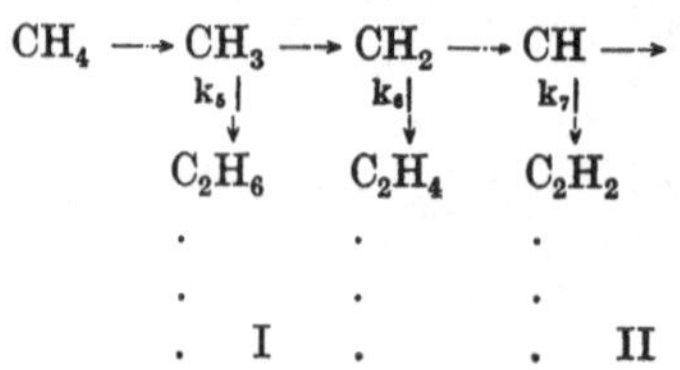

$$t_{opt\,C_2H_2} = (t_{CH_4} \longrightarrow CH)_{opt} + (t_{CH+CH})_{opt}$$

T	$(CH_4)_0$	$(t_{CH_4} \longrightarrow CH)_{opt}$	$t_{opt\,C_2H_2}$	Reaktions-Ordnung
K	Vol.%	s	s	
1540	1,5	$1{,}7 \cdot 10^{-1}$	$1{,}7 \cdot 10^{-1}$	1.
	33		$1{,}7 \cdot 10^{-1}$	1.
1840	1,5	$1{,}7 \cdot 10^{-3}$	$2{,}9 \cdot 10^{-3}$	1. + 2.
	33		$1{,}8 \cdot 10^{-3}$	1.
2000	1,5	$2{,}6 \cdot 10^{-4}$	$1{,}3 \cdot 10^{-4}$	1. + 2.
	33		$3{,}1 \cdot 10^{-4}$	1.
2200	1,5	$3{,}5 \cdot 10^{-5}$	$9{,}8 \cdot 10^{-4}$	2.
	33		$7{,}7 \cdot 10^{-5}$	1. + 2.
2500	1,5	$3{,}2 \cdot 10^{-6}$	$9{,}4 \cdot 10^{-4}$	2.
	33		$4{,}5 \cdot 10^{-5}$	2.
3000	1,5	$1{,}9 \cdot 10^{-7}$	$1{,}1 \cdot 10^{-3}$	2.
	33		$5 \cdot 10^{-5}$	

- für nicht zu hohe Temperaturen ist der Abstreifprozeß des CH_4 zur Radikalbildung geschwindigkeitsbestimmend, die Gesamtreaktion hat 1. Ordnung.
- für hohe Temperaturen $\gtrsim 2500\,K$ ist der geschwindigkeitsbestimmende Schritt die Radikalrekombination; die Methan-Acetylenbildung ist danach ein Prozeß 2. Ordnung.

Auf der Grundlage der Geschwindigkeitskonstanten können die experimentell ermittelten optimalen Verweilzeiten theoretisch verifiziert werden.

4. *Höhere Acetylene und Acetylenzerfall*

Bei der Pyrolyse des Methans im Wasserstoff- oder Argon-Plasmastrahl beobachtet man jenseits des Acetylenmaximums ein Schwingungsrotations-Spektrum, das mit Wahrscheinlichkeit dem C_2H-Radikal zugeordnet werden kann. Seine Entstehung aus CH-Radikalen kann folgendermaßen verstanden werden

$$\begin{aligned} CH + CH &\rightarrow C + CH_2 \\ C + CH &\rightarrow C_2 + H \\ C_2 + C_2H_2 &\rightarrow 2C_2H \end{aligned}$$

Hier und bei den folgenden bimolekularen exothermen Reaktionen muß ein dritter Stoßpartner M für die Aufnahme der Reaktionsenergie sorgen.

Dieses C_2H-Radikal wird von uns verantwortlich gemacht für die Bildung der höheren Acetylene und Acetylenderivate, gemäß:

$$\begin{array}{ll} C_2H + C_2H_2 \rightarrow C_4H_3; & C_2H + C_2 \rightarrow C_4H \\ C_2H + C_2H \rightarrow C_4H_2 & \\ C_4H + C_2H \rightarrow C_6H_2 & C_4H + C_2 \rightarrow C_6H \\ C_6H + C_2H \rightarrow C_8H_2 & C_6H + C_2 \rightarrow C_8H \\ \vdots & \end{array}$$

Polyacetylene

Demnach ist der Zerfall des Acetylens in die Elemente tatsächlich ein Aufbauprozeß (2. Ordnung), indem eine Polymerisation mit gleichzeitiger Dehydrierung erfolgt. Im Ergebnis entstehen schwere „Acetylen-Radikale", die schließlich kondensieren. In dieser Weise kann die Entstehung des Plasma-Rußes der häufigen Zusammensetzung $C:H = 8:1$ erklärt werden.

In Tabelle 4 sind für eine Reihe von Radikalrekombinationen die Geschwindigkeitskonstanten $k(T) = A \cdot e^{\frac{-\varepsilon_{akt}}{KT}}$ berechnet, wobei unter der Annahme $\varepsilon = 0$ gilt $k(T) \equiv A$. A kann aus den Strukturdaten und Schwingungsfrequenzen der Radikale über Zustandssummen berechnet werden:

$$A = \frac{kT}{h} \prod_{h} \exp(\Theta_n) \frac{Q^{++}}{Q_R Q_{R'}} \, (Q = \text{Zustandssumme}).$$

Tabelle 4

Reaktion	T-Intervall K	k(ber.) A $cm^3mol^{-1}s^{-1}$
$C_2H + H \longrightarrow C_2H_2$	1000–2500	$(3{,}3 \pm 0{,}8) \cdot 10^{12}$
$C_2H + C_2H \longrightarrow C_4H_2$	1000–2500	$(2{,}0 \pm 1{,}4) \cdot 10^{11}$
$C_2H + CH_3 \longrightarrow C_3H_4$	1000–2500	$(9{,}6 \pm 6{,}5) \cdot 10^{10}$
$C_2H + C_2H_3 \longrightarrow C_4H_4$	1000–2500	$(1{,}7 \pm 1{,}2) \cdot 10^{11}$
$CH + CH \longrightarrow C_2H_2$	2000–3500	$(3{,}4 \pm 1{,}3) \cdot 10^{10}$

Mittels dieser Werte der Bildungsgeschwindigkeiten können für Diacetylen, Monovinylacetylen und Methylacetylen die Konzentrationen bei der Pyrolyse von Propan (siehe Tab. 2) theoretisch verifiziert werden.

Bildung und Zerfall des Acetylens bei hohen Temperaturen lassen sich mit der vorstehend entwickelten Konzeption eines durchgängigen Schemas von Radikalprozessen verstehen und theoretisch behandeln.

Literatur

[1] *H.-J. Spangenberg, I. Börger, H. Hoffmann* und *G. Mögel:* Z. phys. Chemie, Leipzig **259** (1978) 3, S. 531–544.

[2] *G. Winkelmann* und *H.-J. Spangenberg:* Z. phys. Chemie, Leipzig **260** (1979) 3, S. 465–479.

[3] *H.-D. Klotz, H. Drost, H.-J. Spangenberg:* Z. phys. Chemie, Leipzig im Druck.

[4] *W. Lange* und *H. G. Wagner:* Ber. d. Bunsengesellschaft **79** (1975) 165.

FSC
www.fsc.org
MIX
Papier | Fördert gute Waldnutzung
FSC® C083411

Zeitfracht Medien GmbH
Ferdinand-Jühlke-Straße 7
99095 Erfurt, Deutschland
produktsicherheit@kolibri360.de